我与大自然的奇妙相遇

奇妙相遇

观察植物

年高 著／绘

人民文学出版社
天天出版社

图书在版编目（CIP）数据

我与大自然的奇妙相遇. 观察植物 / 年高著、绘.
--北京：天天出版社, 2018.12
ISBN 978-7-5016-1409-7

Ⅰ.①我… Ⅱ.①年… Ⅲ.①自然科学—普及读物②植物—普及读物
Ⅳ.①N49②Q94-49

中国版本图书馆 CIP 数据核字 (2018) 第 113409 号

责任编辑：刘 馨　　　　　　　　　　　**美术编辑：**丁 妮
责任印制：康远超 张 璞

出版发行：天天出版社有限责任公司
地址：北京市东城区东中街 42 号　　　　　**邮编：**100027
市场部：010-64169902　　　　　　　　**传真：**010-64169902
网址：http://www.tiantianpublishing.com
邮箱：tiantiancbs@163.com

印刷：北京利丰雅高长城印刷有限公司　　**经销：**全国新华书店等
开本：880×660　1/16　　　　　　　　**印张：**9
版次：2018 年 12 月北京第 1 版　　**印次：**2021 年 11 月第 5 次印刷
字数：91 千字

书号：978-7-5016-1409-7　　　　　　**定价：**38.00 元

目录 | Contents

前　言

　　读万卷书，行万里路。我们经常会到不同的城市旅行、学习、工作，但大部分人去到新的城市往往更关注这个城市里的景点、美食，而城市中的植物则被忽略掉了。我却很喜欢观察城市中的植物，甚至常常为了某一种植物专门去一个城市。因为我觉得，植物是城市里的生灵，它们扎根在这片土地上，在城市的基础——土壤上成长。一些古老的植物见证了城市历史发展的过程。岁月流逝，很多事物都会消逝，但这些植物以及它们的后代会生生不息，一如我们伟大的中华文明。

　　通过植物，进行人类与自然的沟通，可以展开一个城市的历史长卷，可以铺开一个城市的文化画卷，让我们了解祖国的大江南北。

如何做城市植物观察？

　　去到一个城市之后，我们可以在大街小巷观察一下，在视野所及范围和途经的地方什么植物数量最多，数量最多、最常见的这种植物也许就是我们要重点了解的对象。这样的植物往往是这个城市的市花或市树。

因为城市在选取自己城市的市花市树时，会综合考虑植物是不是能适应本地的环境，与城市的历史文化是否有紧密的联系。确定好物种之后，可以先在互联网上了解一些植物知识，带着了解到的内容站到植物面前做深入观察。

植物观察需要运用我们身体的各个部位，用眼睛去看，花、叶、果、植株的形状、颜色等都需要靠眼睛去观察。光靠看还不行，我们需要用鼻子去闻一闻，花是否带着香味，叶子是否能散发出味道。闻了之后我们还可以用手去触摸，叶片光滑还是粗糙？叶子背面是不是布满了茸毛？这些都需要靠触碰去了解。常常，我们还需要竖起耳朵聆听，风吹过树木时不同的叶子发出的声音不同，这些声音都是植物与你交流的方式。我们最好一边进行观察，一边用笔记录，记录可以是文字的，也可以是图画加文字的形式。回来之后，根据我们的记录再去查找资料，这样，一次简单的城市植物观察就可以完成了。

你在观察的时候再留意一下当时的环境，比如天气、风向、云朵、昆虫、来往的人，把这些加进去，你的观察就更加丰富啦。

城市植物观察需要什么工具？

做观察是一件简单的事情，但是也需要一些简单的工具帮助我们。首先是一个方便携带的本子和一支好写的笔，这个本子可以随身带着，方便我们随时记录几句。本子以轻盈、美观为主。我喜欢用空白的水彩速写本（138mm×218mm）来记录，这是一种线圈本，非常便宜，适合速写，也能上简单的水彩颜色。每年一两本，放到一起就成为自己的自然资料库。如果徒步或者爬山，我会选择体积更小的本子，只有巴掌大小的口袋本，旁边别上一支笔就可以了。

笔，可以是铅笔、钢笔、签字笔、勾线笔。画细致的植物速写时我喜欢用棕色的勾线笔，如果是建筑速写我就会用上秀丽笔。笔要出水流畅，写东西和画东西时笔卡顿感觉特别不好。如果你和我一样也喜欢通过画画的方式来做笔记，那么还需要上色。通常，我会用24色的固体水彩颜料上色，但是外出不方便的时候我也会选择带上几根彩色铅笔，这样就可以了。除了记录的工具，我有时候也会带上一个便携放大镜和一个小镊子，这样方便我观察很细小的花，了解植物的结构。

好了，我们可以开始一段城市植物观察之旅了。如果想要画画，大家一定要克服心理的恐惧，勇敢下笔，只要你做到了真正的观察，下笔的时候画出来的东西就是有灵魂的。记住了，观察才是最重要的。

日常的观察

我们并不是每天都会去外地旅行，更多的时间我们会在自己生活的城市里，那么，这一套植物观察的方法也可以用到身边的植物观察上。

这种日常的观察是我们认识植物最好的方法。因为是在家旁边，我们就能有足够的时间进行持续观察，这样，我们能观察一朵蒲公英从开花到结果、再到果实散开需要多少天，这个过程是如何进行的，蒲公英开花之后要多少次闭合张开才能结果。时间长了，你就会成为一个小小的植物学家、动物学家，成为一个博物学家！

希望这本书能开启你与植物相遇的美好旅程！

国槐情

　　北京是中国的首都，是一座家喻户晓的古都，从元代开始，北京成为国家的都城，此后几百年间，北京都是全国的中心。这里有长城、天安门、故宫、颐和园、胡同……有北京烤鸭、炸酱面、驴打滚……要说北京的历史文化三天三夜也讲不完，这实在是一座充满故事的城市。在这样一座既古老又现代的城市中，老百姓身边最忠诚的朋友是什么呢？我觉得大概要数满城都是的国槐树了。

　　北京种植国槐的数量和范围是其他地方没法比拟的，如果从北京的上空俯瞰会发现，在北京老城区，灰色的建筑间点缀着一团团的绿色，这些基本都是国槐绿。大部分的街道行道树也是国槐树，保留着故都的

俯瞰北京老城区，不乏
国槐绿荫的点缀

风采。北京人对国槐也有着超过其他植物的偏好，所以在1986年选举市树时，国槐以高票当选。国槐树高大，树冠如伞，是一种非常优良的行道树，如今在北京仍能见到许多古槐树，有的已经千余岁，见证了北京城市历史的变迁。无论是北海内的千年唐槐、国子监内的古槐，还是郊区古村落村头的古槐，槐树已经成为了北京的象征之一。

国槐是豆科植物，顾名思义，大部分的豆子们都是这个科的植物，四季豆、荷兰豆、扁豆、黄豆、绿豆……它们的共同特点就是长着蝶形花冠，就是花像蝴蝶一样两侧对称。一朵蝶形花冠主要有三部分，第一是比较显眼的那个大的花瓣，称为旗瓣；第二是合着长覆盖住花蕊的龙骨瓣，大概是像龙骨一样弯曲吧；还有一组是生长在两侧的翼瓣。豆科植物的果实全都是荚果，想一想我们吃过的各种豆子，是不是都被豆荚包裹在里面？

和国槐一样常见的还有另一种槐树，在五月初开花，花洁白，一串串挂在树枝上，十分好看，还带着好闻的香味，它叫刺槐，也叫洋槐。洋槐的花能吃，是华北地区春季一种很特别的食物，能做成槐花饼，能蒸着吃，还可以炒鸡蛋等，所以不少人喊槐花指的是洋槐的花，反而比国槐的花更著名了。另外还有一种开紫色花的槐树，是为毛洋槐，现在也常常能见到。洋槐身上有许多尖刺，是从国外引种的树种，而国槐是地道的中国原产。国槐开花的时间比洋槐晚，要到7月份才开花，并没有什么香味，每天清晨都会在树下落下一片。如果觉得还是傻傻地国

槐、洋槐分不清，那等到秋天结果时再看，便很容易区分出来，洋槐的荚果是扁扁的，国槐的荚果却是圆圆的一节一节，像佛珠一般，这种形状的果叫念珠荚果，掰开看里面是透明的"肉"。

国槐的荚果圆圆的一节一节，像佛珠一般

国槐之所以历代都能成为北京的行道树，主要是因为它是北京的本土物种，十分适应北京当地的气候和土壤环境。当然了，槐树还有着君子之风的形象，所以深受人们喜爱。因为它树冠浓密，荫盖广阔，被人当作树中的君子。又传说在遥远的周朝，礼乐秩序规范，在宫廷外种有三棵国槐，三位地位最高的大臣朝见天子和处理民间事务时都站在树下，人们就对国槐也投射了对三公治理国家的敬意。

也有人说北京喜欢种槐树是因为槐树是故乡的树，因为明代迁都到北京之时，让山西、陕西的人民移民过来，所以民间一直有"问我故乡在何方，山西洪洞大槐树"的说法，这些先民到了北京之后，也种了大量国槐以怀念故乡。不管真正的原因是什么，明清两代，北京的国槐树数量迅猛增加，如今的许多古槐都是那时留下的。

国槐开花时节，
京郊山里的各类
野花也开了

　　不过国槐也有令人烦恼的地方，很多人因此不喜欢它，因为国槐树上特别容易长一种叫槐尺蠖的虫子，从槐树上垂丝下来，北京人戏称这种虫子叫"吊死鬼"。如今"吊死鬼"不多了，但另一种蚜虫又盯上了国槐，天一热，蚜虫分泌的蜜汁就滴得满树满地都是，走过树下都粘脚，要是谁在树下乘凉可遭了殃。

　　在北京，最适合欣赏国槐的地方莫过于老城区，缓步穿过大街小巷，路边的国槐投下浓密的树荫，阳光透过枝叶间的缝隙洒落，照亮了落在地上的白色槐花。提笼架鸟的老人慢慢地走，穿着入时的都市男女匆匆地行，孩子们欢快地嬉笑打闹……在这座古老而年轻的城市里，走在国槐树下，内心会感到一种莫名的宁静。

植物名片

　　槐，*Sophora japonica*，豆科槐属高大乔木。羽状复叶，纸质，叶片有小尖头。花白色或淡黄色，旗瓣圆形，有紫色脉纹。荚果串珠状，肉很厚，看上去很透明，里面的种子干后呈黄褐色。原产中国，现在南北各省都广泛栽种，尤其华北地区。

城市名片

　　北京，简称"京"，中国的首都，历史文化名城，位于华北平原，背靠燕山。北京有着数不清的人文古迹，故宫、十三陵、长城、颐和园等。2008年在这里举办了夏季奥运会，2022年又将举办冬季奥运会，是目前唯一既举办过夏季奥运会又将举办冬季奥运会的城市。北京有古老的宫殿，也有现代的高楼大厦；有烤鸭、豆汁、驴打滚等传统美食，也有来自世界各地的食物。这是一个包容、大方的城市，北京欢迎你！

木芙蓉

弄色

　　成都，是四川省的省会城市，也是中国开发最早、持续繁荣时间最长的城市之一，从有确切记载开始，已经有2000多年的历史。在多山的西南地区中，四川盆地西部有一块珍贵的冲积扇平原，成都正是坐落在这里。因为身处盆地，受到季风影响较小，成都的秋季特别绵长。在这个漫长的秋季有一种植物能抵抗瑟瑟秋风，持续开出美丽的花朵，那就是成都的市花——木芙蓉。

　　木芙蓉和成都有着非常深厚的渊源，成都也被称为"蓉城"，这当中有好几个美丽的故事。有的说是成都初建城时，地基不稳，屡建屡塌，后来来了一只神龟，在地上爬出一圈指引路线，人们依线建成此城，而

正当花期的木芙蓉，
在一团团绿叶间缀着
一朵朵玉碗般的大花

神龟指引的路线好似一朵芙蓉花，蓉城乃由此而生。

　　还有一个流传更广的传说是，五代后蜀皇帝孟昶为了保护城墙，命人在成都城墙上遍植木芙蓉，每年秋天木芙蓉盛开，"四十里如锦绣"，成都自此有了"芙蓉城"的美称。当然，更多人相信孟昶是为了他的爱

妃"花蕊夫人"而遍植木芙蓉。有一年花蕊夫人无意间发现了木芙蓉这种能在百花凋零之际仍拒霜盛开的美丽植物，深深喜爱。为了讨她欢心，孟昶才命人满城遍植木芙蓉。

九月底，我特地来到成都，想一睹满城木芙蓉花开的景观。在我想象中，成都理应处处长着木芙蓉，等到了才发现，木芙蓉并不算随处可见，而是主要种植在各个公园、小区和城府河两侧。在人民公园里，我见到了大片正当花期的木芙蓉。在一团团绿叶间缀着一朵朵玉碗般的大花，粉红的花略带娇羞但又透着些许英武，富丽而又带着几分清雅，如云天滚落的彩云，在微风中颤动。这种锦葵科的落叶小灌木，如果不修剪，任其生长，能长成一棵小乔木，分枝四下伸出，树形非常优雅。木芙蓉的叶子为5—7裂的掌状叶子，远远看去像一个个大的绿手掌，近处观察才发现这些手掌叶上长着一层茸毛，为这些叶子增加了不少质感。

正是因为木芙蓉清姿雅致，自古对其赞美的诗词很多，王安石写道："水边无数木芙蓉，露染胭脂色未浓。正似美人初醉著，强抬青镜欲妆慵。"苏轼写道："千林扫作一番黄，只有芙蓉独自芳。唤作拒霜知未称，细思却是最宜霜。"古代诗人都是博物学家，对植物观察入微，在他们的诗词中能清楚了解到木芙蓉新粉的颜色，有着喜欢生长在水边、在秋末盛开的特点。

木芙蓉花还有一个非常有趣的特点——变色。如果留心观察会发现，一天之内，木芙蓉花会有三次变化。早上初开时，花是白色的，到了下

早上初开时是白色的　　　　中午会变成淡粉色　　　　下午又会变成更深的粉红色

午两点左右会变成淡粉色，下午四点左右又会变成更深的粉红色，十分美丽。若是在温度较低的季节，木芙蓉则会三日三变，第一天是白色，第二天是淡粉色，第三天是粉红色，一树之上能有三个颜色的花同时存在。

花色一日三变和三日三变，是花受到外界温度以及光照强度影响的关系。但为什么木芙蓉保持着三次变化呢？到底什么是颜色变化的因素呢？花儿色彩斑斓，秘密就藏在花瓣的细胞里存在着不同的花青素，能在不同的酸碱环境中呈现出各种颜色，pH值越高，花的颜色越偏向于蓝紫色；pH值越低，花的颜色越偏向于红色。

大家可以做一个简单的小实验，对不同颜色的木芙蓉花进行pH值测试。碾碎一朵刚刚盛开的木芙蓉花瓣，将汁液涂到试纸上，发现此时花汁接近中性。下午两点木芙蓉花变成粉色，再进行同样的测试，pH值呈弱酸性。而到了木芙蓉花再次变色时，pH值则变成了酸性的。花瓣中所

成都的茶馆历史悠久。坐在藤椅上，喝上一口茶，是很多老成都人的日常必修课含的花青素在不同的酸碱度环境下呈现出不同的颜色，木芙蓉从开花到衰败，正是花瓣中的酸碱度从中性到酸性变化的过程，芙蓉花也在它的作用下变幻自己的色彩。不过究竟是什么机制让花瓣的酸碱度能在一天之内发生不同的变化，仍是科学家们研究的课题，相信终有一天，芙蓉花变色的秘密将会被全部解开。

植物名片

木芙蓉，*Hibiscus mutabilis Linn*，锦葵科木槿属落叶灌木或小乔木，高2—5米。叶子很大，有三裂，先端尖，后端宽，上面有很多茸毛。花单生于枝端叶腋间，花梗长约5—8厘米。花初开时白色或淡红色，后变深红色，直径约8厘米，花瓣近圆形，直径4—5厘米，外面被毛，花瓣基部有鬃毛。蒴果扁球形，直径约2.5厘米，被淡黄色刚毛和绵毛。种子肾形，背面被长柔毛。

城市名片

成都，别称"蓉城""锦官城"，简称"蓉"，自古被誉为"天府之国"，是四川省省会。成都是中国中西部重要的中心城市之一，是中国西南地区物流、商贸、科技、金融中心及交通、通信枢纽，亦是西南地区的文化、教育中心。

成都是中国开发最早、持续繁荣时间最长的城市之一，为第一批国家历史文化名城之一。成都的卧龙自然保护区是观赏国宝熊猫的最佳去处，被称为熊猫之乡。

木棉

　　早春三月，坐着标识是一朵木棉花的南方航空公司飞机来到了广州，那朵印在飞机尾部的木棉花和这座历史悠久的城市有着深厚的渊源。

　　木棉是生长在热带的大乔木树种，广州恰好属于热带地区，十分适合木棉的生长，所以广州很早就开始种植木棉。加之木棉树长得十分高大、耐旱、抗风、长寿，所以广州四郊远近农村都以木棉为本村方向树，种在村后、桥头、村口、古渡口等地方，让人们在很远的地方便可以认出："你看，那棵木棉树下就是我家。"

　　如今在广州，不经意间总会遇见木棉树，威风凛凛地站立着，大朵大朵鲜红的木棉花布满枝头，耀眼醒目。正因木棉花盛开时的壮丽，它也有着"英雄树"的美名，清朝的一位诗人陈恭尹为此写了一首《木棉花歌》，诗中写道："覆之如铃仰如爵，赤瓣熊熊星有角。浓须大面好英雄，壮气高冠何落落。"1982年，广州人民将木棉选定为广州市市花，也是因为木棉身上这股威武英俊的气质能代表斗志昂扬的广州人民吧！广州的许多机构也选用木棉花作为他们的标识，像南方航空公司、华南师范大学等。

今天，广州的木棉虽不及古时的盛况，但仍十分可观。我特地跑到中山纪念堂看木棉花。纪念堂蓝瓦白墙格外静雅，火红的木棉花红云一般缭绕在周围，又显得格外壮观。不少广州人前来赏花，我们围在树底下拍照，树上有许多暗绿绣眼鸟站在木棉花上，叫声格外好听。这些鸟正在吸食木棉花上的花蜜。木棉的花蜜产量很高，整个花朵上都有闪亮的液体。花蜜吸引来许多嗜蜜的鸟，也顺便为木棉传了粉。

我们拍完花又蹲到地上捡了一两朵落花。木棉花的落花也是一整朵，并不是一片一片花瓣掉落。每一朵木棉花都很大，足足有拳头那么大，用手摸一摸厚厚的花瓣，有种肉肉的质感，绵软而富有弹性。抬头望木棉树，因为树实在太高，花在上面显得非常小。一般木棉树都能长到20多米高，有的树干直径能有1米多，要三四个人才能围抱一圈。但这些看似很老的木棉树其实树龄不过几十年或者近百年而已，因为它生长速度飞快，一年能长很高。木棉树非常容易种活，像柳树一般，随便把枝条往地上一插就能成活。以前农村会拿木棉枝条插在地上做篱笆，

下过几场雨之后，这些枝条上就会长出新叶，如果放任其生长，也许就长成一排木棉树啦。木棉树的花开在光秃秃的枝头，树枝上面并没有叶子，因为木棉树的叶子在花落之后才长出来。木棉之所以有这样一个名字，主要是因为它的果实。木棉果大概在五

木棉花上站立的暗绿绣眼鸟

月成长起来，像一个绿色的小木瓜，到了五月底，果实成熟后裂开，无数的棉絮就会带着种子飘飘落下。木棉的棉絮洁白细长柔软，跟真正的棉花一样，所以古人就给它取名叫木棉，十分恰当。木棉的棉絮虽然柔软，但韧性非常差，搓不成线，不像棉花，所以人们也不会用木棉絮当作纺织原料，一般收集了之后用来填充枕头。不过这些年因为对木棉絮过敏的人越来越多，跟北方人不喜欢杨絮和柳絮一样，到了五月底，市民们就会开始抱怨木棉，忘了三月时还无比欣喜地欣赏着它的花呢。

　　中国原来只有两种木棉，一种就是木棉树，另一种是开花很低调的爪哇木棉，但如今还有一种木棉被广泛种植，成为了另一道风景。在广东、福建、广西、海南等地方，会见到一种树开出满树的粉花，

中山纪念堂前
的木棉花

是特别艳丽的粉色，这种树的树皮青色，往往长满了尖锐的"钉子"，那就是美丽异木棉。美丽异木棉并不像木棉这样会爆出棉絮，所以遭到的"非议"少了很多。

一起赏花的人中有一位非常慈爱的奶奶，白白胖胖，她捡了一小袋子的木棉花，说要拿回家煲汤。老奶奶还教了我如何煲一锅木棉花汤，木棉花洗干净后用热水焯一下，加上新鲜的猪骨头和薏米、扁豆，用小火煲煮，可以祛湿。老话说得好，"食在广州"，广州餐饮之丰富、食材之广泛是许多人想象不到的。从早茶到夜宵，在广州一天可以变着花样吃，这是这座城市特别迷人的地方。

除了琳琅满目的美食，还可以到越秀山去看看广州的标志性石雕——五羊。传说中，五羊是五位仙人的化身，它们看到当时广州人民生活困苦，于是化身为羊，并衔来谷穗，使得广州人民丰衣足食，

木棉的果实成熟后裂开，无数的棉絮就会带着种子飘飘落下

24

所以广州也叫羊城或者穗城。广州从秦朝开始一直作为华南地区政治、军事、文化、经济中心，形成了独具魅力的文化和特点。这里的人们说着节奏感很强的粤语，有着开阔的思维和开放的思想，和市花木棉一样，热情、奔放。

木棉树的花和叶

植物名片

木棉，*Bombax ceiba*，木棉科木棉属非常高大笔直的落叶大乔木。小树树干和老枝条上有短粗的刺，叶子为掌状复叶。花先于叶开放，红色，肉乎乎，有光泽，中间一大把茸茸的花蕊。果实长圆形，里面有丝毛，成熟时裂开，毛会飞得到处都是。

城市名片

广州，简称"穗"，别称"羊城""花城"，广东省省会，从秦朝开始，两千多年来广州一直都是华南地区的政治、军事、经济、文化和科教中心。广州也是国家历史文化名城，是岭南文化分支广府文化的发源地和兴盛地之一。这里的粤菜丰富又好吃，让人垂涎不已。

杭州

温润山茶

　　俗话说"上有天堂下有苏杭"，指的是江南一带富饶美丽，尤其是苏州和杭州，堪比天堂。杭州一直是我最喜欢的城市之一，因为它有着中国大城市中难得一见的城市发展与自然生态和谐共存。杭州城里有大的湖泊、湿地、山林，实在弥足珍贵。沿着西湖漫步，春天到太子湾看樱花和郁金香花海，看苏堤桃红柳绿；夏天看荷叶碧连天，荷花映日红；秋天看乌桕和枫香红叶层叠，丹桂飘香；冬天赏断桥残雪，雷峰夕照。单单一个西湖就一年四季不同景，更不用提灵隐的竹林幽静、茶香四溢。

　　杭州身处江南水乡，盛产丝绸和各类粮食，自古就是中国的富庶之地，历史上曾是吴越和南宋的都城，历朝历代都是重要的城市。2016年

两种常见的山茶品种

G20峰会在杭州举办，更是将杭州的美名传播到了世界各地。

　　杭州的绿化覆盖率极高，稳居全国副省级城市之首，走在杭州的街道上，满眼绿色，植物种类繁多，行道树中有枫香、香樟、桂花、银杏、悬铃木、无患子等。还有一类植物也非常常见，并且在万物凋敝的寒冬开花，那就是山茶。

27

山茶本种是一种开红色花的木本植物

　　这里说的山茶并非单指山茶

这一种植物，而是山茶属的许多种观

赏植物。山茶花在我国的栽培历史悠久，早

在唐代，人们就开始引种野生山茶花栽培在庭院之中，到了宋代山茶花

就已经是十分著名的花卉了。人们觉得山茶花的花朵美艳而不妖媚，植

株长寿，耐霜雪，四季常青，花期长。这种美丽的植物在1677年的时候

由英国医生甘宁传到了英国，随后风靡整个欧洲。上千年来，经过人们

不断的育种，山茶花已经有了许多品种，狮子头、大玛瑙、彩丹等，原

始的单瓣花逐渐演变成有几层花瓣的重瓣花。我们知道，野生植物大多

都是简单的单瓣花，但是人们往往喜欢繁复的重瓣花，总是不遗余力地

进行培育。那花是如何从单瓣变成重瓣的呢？花在自然环境中，因为气

温、虫害、土壤、病害等都有可能导致花的异化，比如萼片变成花瓣的样子，雄蕊变成花瓣的样子。人们在选育花的过程中会保留这些有异变的植株，再进行干预，从而使得这些原本非常偶然的异化成为一种固定的形态。

山茶本种是一种开红色花的木本植物，在杭州也随处可见，但还有许多现代培育出来的品种有着更大更繁复的花，装点着杭州的园林，可是我最喜欢的是一种非常简单可爱的山茶花。几年前，我到西湖边的杨公堤等朋友，一棵正开着许多粉花的山茶花吸引了我。这种山茶花的花瓣粉色剔透，简单的一层花瓣簇拥着鹅黄色的花蕊，和其他山茶花的气质不同，更为娇柔可人，亭亭玉立。查资料后知道它叫美人茶（学名单体红山茶），因为花的粉色很像漂亮姑娘的粉红肌肤，所以得了个这么好听的名字。这种山茶花原产日本，之所以叫单体是因为它的雄蕊是不能授粉的，不能靠自己进行授粉，只能靠人

美人茶的粉色很像姑娘的粉红肌肤

茶梅植株
的形态

工进行无性繁殖。

自然状态中，山茶花主要由吸食花蜜的鸟类来帮助传粉，这些鸟在夏天时靠吃昆虫为生，冬天找不到昆虫了就把目光转移到花蜜身上，一边采食花蜜一边为山茶授粉。所以山茶在中国自然分布最北到山东青岛，因为更北的地方就没有这类鸟了。

大部分的山茶花花色都是红色系，但有一种山茶却是黄色，是20世纪60年代初在广西发现的金花茶，花瓣是晶莹漂亮的黄色，如同蜡玉一般。金花茶的发现轰动了整个世界的园艺届，人们梦寐以求的黄色山茶花终于出现了！

杭州是一个著名的茶产地，西湖龙井名闻天下，杭州还善用茶来做菜，比如龙井虾仁，用龙井新茶和鲜河虾仁烹制而成，虾仁白玉鲜嫩，茶叶碧绿清香，色泽雅致，滋味独特。茶叶长在茶树上，无论是绿茶、红茶、花茶、黑茶、白茶，只是人们通过不同的加工方式使得茶的味道

不同。茶树也是山茶科植物，在灵隐地区随处可见茶山，种着绿油油的茶树，茶树的花不引人注意，是白色的，花朵很小，并不如亲戚山茶那样夺目。

在杭州同时期还会见到另一种非常相似的花——茶梅。如何区别呢？首先整体外形不同，山茶是可以长成小树的，而茶梅只是灌木。叶子也能看出不同，山茶的叶子比茶梅要大一些，颜色更浅。最大的区别是落花时，山茶花是整朵整朵凋落的，而茶梅是一片一片散落的。山茶

与山茶同时期开花的植物：蜡梅、南天竹、结香

花开的时候正值蜡梅花开，二者的幽香混在空气里，吸着都会上瘾。此时南天竹正结着漂亮的红果子，结香也开始开花，这样的江南冬季真美好，我想，天堂也莫过于此啊！

植物名片

山茶，*Camellia japonica*，山茶科山茶属植物，叶子硬且油亮，边缘有齿。花瓣6—7片，内侧的5片花瓣基部连生，所以山茶花落的时候是一整朵。果实圆球形，种子可以榨油。山茶在四川、山东、江西等地有野生种，国内各地广泛栽种，品种繁多，花大多数为红色或淡红色，也有白色，多为重瓣。

城市名片

杭州，浙江省省会，位于我国的东南沿海，是一个经济、文化、教育等十分发达的城市。它是中国的七大古都之一，享有"上有天堂下有苏杭"的美誉。如今的杭州，随处可见人文古迹，西湖文化、丝绸文化、茶文化组成了独具魅力的杭州文化。

荷花

泉城的

　　济南，山东省省府所在地，是一座泉城，在市中心有一个宽阔的泉城广场，中间矗立着高大的泉城雕塑，宣告着这个城市和泉水的渊源。我第一次到济南时，就被随处可见的泉水吸引住了，住的地方门前是护城河，我沿着护城河走，不一会儿就看到了五龙潭公园，再不远处就是趵突泉，甚至路旁的一个小庙中的水井也是天然泉水，与全城泉水相连。后来才知道，济南有名泉七十二，如黑虎泉、五龙潭、趵突泉等，和其他大大小小近100处泉水分布在城区各处。这些泉水汇流在一起形成了护城河，最终护城河又注入大明湖。古时候，水畔的垂柳，水面的荷花和不远处的千佛山、鹊山构成了一幅幅画一般的美景。所以大明湖公园内有副楹联写济南特别应景:"四面荷花三面柳,一城山色半城湖。"因为城市与水有着紧密的联系,一种生在水里的植物也与这个城市有着十分深的渊源。

早在唐宋时期,济南周边的湖泊沼泽、田间池塘都多种有荷花,大明湖因为荷花成片还被称为"莲子湖",歌颂济南荷花的诗词更是数不胜数。济南人民世代都喜欢这种随处可见的美丽植物,于是1986年将荷花选为了济南市的市花。不过如今济南城市发展,不少湿地都被填上盖了高楼,荷花也不再随处可见,可它已经深入济南人的情感当中,牢牢占据了市花的位置。

荷花,也叫莲,是莲科莲属植物,莲属植物全世界只有两个种,一种是我们常见的中国莲,一种是原产美洲的美国黄莲。这时

济南泉城广场中央矗立着一座泉标

候不少人就有疑问
了，水池里还常
常能见到花色丰
富的睡莲，难道
睡莲跟莲没有关系
吗？答案是没有关系。
睡莲是睡莲科的植物，
相当于睡莲跟荷花是来自
两个不同的家族，没有任何
血缘关系哦，很早的时候人们也误会
它们是亲戚，后来科学家们证明
了它们的关系非常非常远。睡

荷叶

荷叶表面布满了小山包样的突起物，是荷叶上滚水珠的秘密所在

莲可不

荷花花瓣

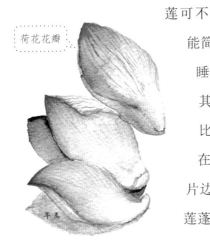

能简称为莲花，因为睡莲这个名字就是"会
睡觉的花"的意思，它白天开花晚上闭合。
其实要细分，睡莲和荷花一点儿都不像。
比如叶子，荷花的叶子出水很高，叶柄长
在叶子的背面中间；睡莲的叶柄则长在叶
片边缘处。花的区别也很大，荷花中间长着
莲蓬，莲蓬周围一圈才是花蕊；睡莲中间则

都是花蕊。

中国人自古就认为荷花有着"出淤泥而不染，濯清涟而不妖"的高尚品格，常常被文人墨客歌颂赞叹。荷花之所以能在水中生活，得益于

许多独特的构造，比如藕和叶梗上的孔道。我们切藕时都知道它上面有一个个孔，这些是气腔，这些中空结构能帮助荷花在水中或者淤泥里进行呼吸。莲蓬里也有这样的中空结构，捏起来手感像海绵。除了中空结

满塘荷花开放时的盛景

构，折断新鲜荷花的任何一部分都能看到"藕断丝连"的现象，这些丝是分布在荷花各部位的输水导管周围附着的纤维素，具有弹性，折断时就能看到拉丝。

莲蓬

我们还常常看到荷叶上滚动着水珠，无论你怎么努力，水总是浮动在荷叶之上，经科学家们用扫描电子显微镜对荷叶表面进行微观形态观察发现，荷叶的表面布满非常多的微小乳突，像一个个小山包，有高有矮，山包之间的凹陷是有空气的，这样就在紧贴着叶面的地方形成了一层非常非常薄的空气层，水球只能接触到较高的山包，而不会浸润到荷叶表面。而水滴在自身表面张力的作用下形成小水球，滚动的时候还把荷叶上的灰尘带走了，荷花的结构不能不令人赞叹自然造物的神奇。

更神奇的是，成熟的莲子寿命可以很长。科学家在辽宁大连普兰店等地的泥炭土层中曾发掘出几千年前的古莲子。经过培育，古莲子居然发芽开花了！

当然了，如果荷花只是构造神奇并不

藕断丝连

能引起大家普遍的喜爱，它还全身是宝。藕是荷花的地下茎，是非常美味的食物，炖汤、清炒都很好吃，还可以做成果脯，有的还能制作藕粉，营养价值很高。荷叶可以取其清香来熬粥或者铺在食物底下增加风味，干荷叶可以泡茶。荷花美丽异常，是非常好的观赏花卉，据说荷花花瓣也能裹面炸来吃。荷花落后莲蓬长大，里面的莲子清甜可口，成熟了还可以做成莲子八宝粥。

　　济南人民更是吃藕好手，能做出姜拌藕、糖醋藕片、炸藕盒、水晶藕等各种佳肴。当然了，不单是藕，济南还有许多美食。鲁菜可是中国传统四大菜系之一，到了济南可别忘了吃糖醋鲤鱼、九转大肠、爆炒腰花、四喜丸子等鲁菜，鲜香脆嫩，咸香可口！

植物名片

　　莲（荷花），*Nelumbo nucifera Gaertner*，也叫水芙蓉，莲科莲属多年生水生植物。地下茎长而肥厚，有长节，叶盾圆形。花期6—9月，单生于花梗顶端，花瓣多数，嵌生在花托穴内，有红、粉红、白、紫等色，或有彩纹、镶边。坚果椭圆形，种子卵形。

城市名片

　　济南，简称"济"，别称"泉城"，是山东省省会、全国十五个副省级城市之一，环渤海地区南翼的中心城市。济南因境内泉水众多，被称为"泉城"，素有"四面荷花三面柳，一城山色半城湖"的美誉，是国家历史文化名城、首批中国优秀旅游城市，史前文化龙山文化的发祥地之一。中国四大菜系当中的鲁菜也在济南有着非常丰富的品系。

一座城和

一种花

　　南京，六朝古都，从三国时期吴在此建都之后，相继有南朝的宋、齐、梁、陈等王朝在南京建立都城。南京城是一座风景优美的城市，城内绿树成荫，是名副其实的花园城市。到明孝陵所在的紫金山附近走一走，再吃上一份盐水鸭，心情会格外好。或者到鸡鸣寺中，登高远眺玄武湖，再吃一顿素斋也是怡然自得。

　　到了南京，绕不开的一种植物便是梅花。梅花的形象在南京随处可见，南京银行、南京地铁标识都是梅花。南京的许多地名也都带着"梅"字，如梅花山、梅花坞、梅园新村、雨花台梅岗等。

　　梅花，自古就是中国人最喜欢的植物之一，因为梅花盛开之时气温

南京鸡鸣寺，有"南朝四百八十寺"之首寺的美誉

以梅花为雏形的企业标志。左图为南京地铁，右图为南京银行

尚低，梅花不单花形漂亮，还有非常清雅的香气，所谓"凌寒独自开"，暗香浮动又不浮夸，使它成为中国从古至今最被人赞颂的花卉。夸张一点儿说，梅花在中国人的心中的地位几乎没有别的植物可以取代。民国时期曾经有过"国花"之选，虽然我国疆域广阔，每个地区都有自己的特色花卉，但最后得票最高的两种植物一种是牡丹，另一种则是梅花。牡丹雍容华贵又容易栽培，选牡丹当作国花可以彰显中国泱泱大国的魅力和大气。但是梅花却蕴含着中国人的气质，高洁清亮的独特风骨。最终因为两种花的支持者意

梅花"凌寒独自开"的特质蕴含着中国人的气质

见无法统一，"国花"之选也就不了了之了，但是中华民国却选了梅花作为国徽，相当于官方承认了梅花的地位吧。

观赏的梅花花瓣层次更丰富，颜色多为白色或粉色

追溯到7000多年前，分布在西南山地的梅进入了人们的视野，那时候的梅并不是用来观赏的，而是一种酸味调料，后来人们逐渐对梅子进行加工，腌制成为蜜饯、梅子酱等。到了汉代，人们开始栽种梅作为花卉欣赏，经过数千年的杂交培育，如今梅花的品种可谓琳琅满目，知名的有粉色的宫粉、白色的绿萼、枝条扭曲的龙游和枝条下垂的照水等。如今，野生的梅已经很难找到，它们的花是单瓣的，一共有五个花瓣，大多数是白色或者带一点儿粉色，带有浓郁的香味，花瓣和花瓣之间的缝隙比较大，看上去会比观赏梅花要单薄一些。

梅子变黄的季节在每年6、7月份，这时候长江中下游地区会出现阴雨连绵的气候现象，所以称之为"梅雨时节"。梅雨到来时，江浙一带几乎见不到太阳，东西容易发潮长霉，所以很多人非常讨厌梅雨。

梅雨虽然讨厌，可是梅子还是好东西，腌制的甘草梅、话梅干都是很好吃的小零食。梅子泡酒或者做成梅子酱也别有风味。

中国人钟爱
梅花的形态

梅花所在的蔷薇科家族可是一个大家族，无论南北，春天时开的花大多数都是这个家族的成员，比如桃花、杏花、李花、梨花、海棠花、樱花……它们都长着一张类似的脸，实在难以区分。我们先将名称上容易混淆的蜡梅区分清楚。蜡梅不是梅，只不过都能凌寒开放且有香味，古人便将这种花瓣黄色像蜡一样的植物命名为蜡梅。蔷薇科家族里其他成员，我们可以这样简单区分，花梗很长，花瓣有缺是樱花；花梗短，花瓣粉、花萼反折是杏花；花梗短，花瓣红、花开有叶是桃花；有多个柱头的是苹果、海棠、梨……大概还需要一万字才能描述清楚它们的区别。

最早栽培梅花的正好是如今的江浙一带，从南朝起兴盛，所以南京城与梅花的渊源可以说是最深的。梅花山的梅花树龄许多都在百年以上，还有500多年的古梅桩。南京人植梅赏梅的风

和梅花同期开放的南天竹

气历代相沿，每年二月，南京著名的梅花节就会在梅花山开幕，满山的梅花，幽香浮动，是南京人一年一度的盛会。

植物名片

梅，*Prunus mume*，蔷薇科李属小乔木，高4—10米。花单生，先于叶开放，直径2—2.5厘米，花香浓烈。花瓣白色或粉色，栽培品种颜色丰富，枝条绿色。叶片卵形或椭圆形，先端尖，基部圆，叶边缘有小锯齿。花期冬春季，果期5、6月份。原产中国，长江流域以南各省居多。

城市名片

南京，简称"宁"，古称金陵、建康，是江苏省省会。南京在中国东部，位于长江下游，濒江近海。南京是中国四大古都、首批国家历史文化名城，长期是中国南方的政治、经济、文化中心。公元229年，东吴孙权在此建都，此后东晋、南朝的刘宋、萧齐、萧梁、陈均相继在此建都，故南京有"六朝古都"之称。继此之后，南京又先后成为杨吴西都、南唐国都、南宋行都、明朝京师、太平天国天京、中华民国首都，故又称"十朝都会"。如今的南京是国家重要的科教中心，自古以来就是一座崇文重教的城市，有"天下文枢""东南第一学"的美誉，明清时期中国一半以上的状元均出自南京江南贡院。

在上海

白玉兰

上海是一个家喻户晓的大城市，是我国的经济、金融、贸易中心，位于长江的出海口。早在春秋战国时期，上海是楚国春申君黄歇的封地，所以上海现在还有别称叫作"申"，上海球队也叫申花足球队。宋代开始，便有了上海这个名字。1842年，上海成为对外开放的商埠之后迅速成为了远东第一大城市。如今的上海，既有浦东鳞次栉比的高楼大厦，也有外滩西式风格的民国建筑，还有古典的江南园林，古典现代、东方西方文化都在此交融，形成了独特的上海文化。这样一个城市，什么样的植物最能代表它的气质呢？民国时，上海人民选出棉花作为自己的市花，因为当时棉花是上海地区主要的农作物，而且上海的城市发展

49

上海是一座古典与现代、东方与西方文化交融的大都市

也跟纺织业密切相关。后来上海经济转型，不再大力发展棉纺织业了，需要另一种植物来代表上海，所以在1983年，上海人民重新选出了他们心中的气质植物——白玉兰作为上海市的市花。白玉兰有着高洁纯净的气质，

白玉兰有着高洁纯净的气质

高雅大方，这或许是上海人心中自我的评价。

白玉兰是木兰科植物，在春天三四月份盛开，虽然贵为市花，在上海却不是随处可见，只有浦东地区或者是植物园、世纪公园等地方才能集中欣赏它美丽的身影。不过白玉兰的形象倒是始终在人们的视线里，上海市的市标就有白玉兰的身影，金色的市标由螺旋桨、沙船和白玉兰组成。螺旋桨象征上海在不断前进；而沙船是上海港最古老的船舶，昭示着上海是一个历史悠久的港口城市；白玉兰是沙船的背景，展示了上海的生机。除了市标，上海大学、上海师范大学、上海电视台等单位都使用白玉

白玉兰花的剖面

白玉兰
蓇葖果

兰作为自己的标识。上海也有白玉兰广场、白玉兰面包房等以白玉兰命名的地方和机构。上海举办的各类文化活动，也经常发现白玉兰的身影，比如"白玉兰戏剧表演艺术奖""上海电视节目白玉兰奖"等国内重磅级活动。

白玉兰是一种很古老的植物，在开花植物的演化早期就分离出来。冬天时如果你去观察玉兰树，会发现整个冬天花芽都会待在枝头，被一层绒壳紧紧包裹着，用手去摸，手感很好。这层绒壳是玉兰的芽鳞片，保护着花芽抵抗寒冬。待到春暖花开，花芽里的花慢慢膨大，把绒壳顶裂，钻了出来。白玉兰有着巨大的花瓣，一般是9瓣，落下的时候捡起来，一头宽一头窄，形状很像一个小鞋垫。刚开的玉兰花并不是很香，一天之后香味才出来，这主要是因为玉兰的雌蕊和雄蕊成熟的时间并不相同。中间宝塔一样的是雌蕊，它会最先成熟，花粉散落之后周围一圈的雄蕊才开始释放花粉，这时候雌蕊已经不能接受授粉，从而避

紫玉兰和
二乔玉兰

免了同花传粉，但是这样的繁殖方式也导致了玉兰常常长出畸形的果实。

到了8月份，玉兰树上就会挂着一些七扭八歪的"怪果"，有的还挤出了红色的小颗粒，这个"怪果"正是玉兰的蓇葖果，红色的是它的种子。之所以有的有种子有的没种子，就是因为春天时玉兰花为了避免自花授粉采取的策略。当时因为昆虫还不活跃，自花不授粉，所以很多雌蕊只有几个成功接收了另外的花上的花粉，结出了果。

常见的玉兰除了白色的白玉兰，还有花瓣内外都是紫色的紫玉兰。紫玉兰没有开放的花蕾，是著名的中药辛夷，是治疗鼻炎的主要药材。另外还有一种花瓣外面紫色里面白色的二乔玉兰也十分常见。这些年一种开黄色花的玉兰——"飞黄"玉兰种植得也越来越多了。

在上海，还有一种玉兰科植物更为常见，那就是广玉兰，高大的乔

紫玉兰的花苞可以入药

木，叶子油亮，花盛开的时候如白莲花
一般，所以也叫荷花玉兰。还有另一种
植物也常被人民称为白玉兰，是含笑属
的白兰，花比白玉兰小得多，花瓣只
有筷子粗细，夏天开花，花香浓郁。
常常被老奶奶用绳子穿成一串在
街头卖。

荷花玉兰
（广玉兰）

植物名片

玉兰，*Yulania denudata*，木兰科木兰属，
高大落叶乔木。叶子椭圆形，很硬挺。每
年春季开花，花开的时候叶子还没长出来，
满树白花特别壮观。每朵花有9枚花瓣，带
着馨香。花落之后结出很奇怪的蓇葖果，
种子外面一层皮红色。

城市名片

上海，简称"沪"或"申"，是中国四
大直辖市之一，也是我国最大的城市，集
经济、金融、贸易、科技、航运等中心为
一体。上海是我国最早开放的城市，所以
可以说是我国最"洋气"的城市，中西交
融。来到上海，一定要看一看外滩老式建
筑和浦东现代摩天大厦的交相辉映，逛逛
老弄堂。去尝尝老饭店的上海本帮菜，也
吃一吃红房子的法国大菜，感受上海的城
市魅力。

成为了区花？

　　香港特别行政区的标志是一朵花，五个花瓣辐射旋转，有弯曲的花蕊从中间伸出，每个花蕊都有一个五角星。这个形状的原型来自一种有着传奇经历的花，它的名字叫洋紫荆（中文学名红花羊蹄甲）。叫它洋紫荆是为了和中国传统的紫荆花区别开。传统的紫荆花非常小，在北方的花园常能见到，春天时紫红色的小花密密麻麻开在一人多高的小树干上。紫荆花和洋紫荆外表长得一点儿都不像，但花色都为艳紫色，于是人们就给后出现的植物命名为洋紫荆了。

　　元旦之后如果你到广州以南的城市，常能见到这种漂亮的花树，开着满树繁花，如果道路两侧都种着它，远远望去如同一片紫色的云霞，让人心生欢喜。

洋紫荆这种美丽的植物有着非常神秘的身世，至今也没人能确定它是怎么出现的。19世纪80年代，一位法国神父在香港西区天主教堂疗养，这位神父此前一直在中国的西南地区做着植物收集工作。在香港疗养时，某天在香港岛西南部薄扶林道海边一处废弃的房屋附近，他发现了一棵开着紫花的羊蹄甲属植物，这种羊蹄甲和他所见过的羊蹄甲并不同。传教士在这棵开满花的树上找不到羊蹄甲植物常见的豆荚，于是他带着疑问采集了一些枝条，并将这些枝条插活。随后，这些枝条长大成树并开了花，这些美丽的花引起了当时香港植物园和林业部门总监史蒂芬·邓恩的注意，于是，他也从这棵羊蹄甲上采集了枝条种植，并将这种陌生的植物送给了英国皇家植物园进行鉴定，证明这的确是一种从没有被发现和记录过的新植物。后来，邓恩就将这种植物发表了，并将它命名为 *Bauhinia blakeana*[1]。这种植物因为花开的时候实在太漂亮了，人们用这棵树的枝条不断繁殖出新的树苗，广泛种植在香港的大街小巷。

那这棵羊蹄甲到底是怎么来的？难道它不能结果繁殖吗？研究者们在发现这棵羊蹄甲的周围四处寻找，再也没能发现第二棵，在整个香港

---

[1] 为了纪念曾任香港总督的亨利·布里克（Sir Henry Blake）爵士，植物的命名可以根据植物形态命名，也可以用人名来命名。植物的学名是拉丁文名，中文名可以有很多种，但是学名是唯一的，而且是全世界统一，这样避免了同物异名、同名异物情况的发生。

也没能发现这样的植物！多年之后，研究人员用了先进的DNA技术分析了洋紫荆和广东地区最常见的三种羊蹄甲植物，发现洋紫荆的DNA介于宫粉羊蹄甲和羊蹄甲之间，也就是说，这棵神奇的洋紫荆很有可能来自一个同时种着羊蹄甲和宫粉羊蹄甲的花园，经过自然杂交之后结出了一个神奇的果荚，其中一个成熟发芽并被种在这个疗养院附近的废墟当中，长大成树。不过也有人认为洋紫荆是某种羊蹄甲自然变异后产生的，真相是怎样的，如今已经很难说清。正因为洋紫荆不会结果，不能靠种子传播，所以全世界的洋紫荆都来自这棵神奇的树，算起来它也是子孙满

洋紫荆是一种
漂亮的花树

天下了呢。正是因为洋紫荆的独特身世使得它成为了香港的区花，成为了香港的区徽。

前面讲了半天羊蹄甲，那为什么会有这样的名字呢？因为这类植物的叶片顶端都会裂成两瓣，看上去就像是羊的蹄子。除了洋紫荆，常见的羊蹄甲属植物还有羊蹄甲和宫粉羊蹄甲。洋紫荆的叶子比较厚、大，叶子顶端圆；羊蹄甲的叶子顶端比较尖；宫粉羊蹄甲的叶片尖端比较圆。其中，羊蹄甲和宫粉羊蹄甲这两种都是可以结出长长的荚果的。小时候我家门前有一排羊蹄甲，每年五六月份，树上就会挂着一条条长长的绿色荚果。我喜欢摘下来，从中间捏开，然后握住两头，先松再猛地一拉，能听到清晰的"啪啪"声，玩得不亦乐乎。

香港是我们国家一颗璀璨的东方明珠，它包括香港岛、九龙半岛和新界三大区域。在100多年前，清朝政府将香港和九龙割让给了英国，此后英国一直统治着香港。因为地理位置特殊，香港在以后的岁月中从一个小渔村慢慢成为了全世界重要的港口和金融商贸中心。可以说，香港是典型的中西方文化交融之地，这里传承了中

羊蹄甲

宫粉羊蹄甲

原文化和岭南文化，又被西方文化深深影响。提起香港，很多文化符号就出现在眼前，香港电影、香港音乐、功夫影星李小龙、购物天堂、林立的店铺招牌、武侠小说……

1997年7月1日，香港终于回归祖国，成为了我国第一个一国两制的特别行政区，这片土地上升起了五星红旗和紫荆旗。香港特别行政区区旗上的洋紫荆象征着香港的繁荣，红色的背景则象征着香港永远背靠祖国，只有在祖国的统一大旗下，香港才能有更美好的未来。

植物名片

红花羊蹄甲（洋紫荆），*Bauhinia blakeana*，豆科羊蹄甲属植物，这个属的植物叶子中间有个缺儿，就像一个羊蹄。为落叶乔木，花紫红色，五个花瓣，其中一个花瓣基部深紫红色，布有条纹。花蕊长长弯翘，光滑。叶片厚实，叶脉很明显。不结果，在香港发现，怀疑是自然杂交的品种，现已在华南地区广泛分布。

城市名片

香港特别行政区，位于中国的南部，与广东、深圳接壤，是全世界经济最发达的地区之一，1842年至1997年曾是英国的殖民地。被称为"东方之珠""美食天堂"和"购物天堂"。这里有数不清的繁华街道，挤满了来自全世界的人。这里还有各种风味的美食，让来的人流连忘返。

马蔺

中国的正北方是广阔的内蒙古草原，那里世代生活着蒙古族人民，他们在草原上放牧、歌舞，过着逐水草而居的游牧生活。"天苍苍，野茫茫，风吹草低见牛羊"描绘的正是蒙古大草原的景象。蒙古族人是这片广阔天地的祖先，他们能歌善舞，善于骑射游牧，曾经建立了元朝，统治疆域扩展到如今的欧洲。

蒙古草原上的植被十分丰富，但有一种植物具有独特的地位，是其他植物比不了的，它就是马蔺。大家跳橡皮筋时都会唱"一二三四五六七，马兰开花二十一……"马兰花也就是我们说的马蔺，一种鸢尾科植物。在内蒙古随处可见这种植物，细长的叶子一丛丛生长，

内蒙古草原上随处可
见的植物——马蔺

甚至长成一个个"草垛"。每年四月开始，蓝色的小花就会从底下钻出来。每一朵的构造都十分独特，六个花瓣，最外面三片，里面三片，外面的花瓣上分布着细细的条纹。这样的花瓣组合是鸢尾科植物的特点。

马蔺之所以能在干旱的内蒙古广泛分布，是靠它演化出来的几大"技能"。技能一：发达的根系。马蔺的根非常发达，能往下扎一米以上，细细的须根密集发达，在地底下长成一大片，这使得马蔺能在干旱地区活下去，种植马蔺的地方也能很好保持水土。技能二：直立细长的叶子。马蔺的叶子直立生长，可以有效地减少水分蒸发。在沙漠地区生长的植物有个特点，为了减少水分挥发，叶片一般都演化为能储水的肉状叶，或者干脆成针状或者消失。城市里的马蔺因为水分充足，叶子都比较细长，而恶劣环境下的马蔺，地面部分会十分矮小，一方面减少了水分的蒸发，一方面把力气花在了往地底下钻上。马蔺还能抗盐碱化，在内蒙古许多地方，都将马蔺作为先锋植物种植，改善恶劣的环境。所以马蔺虽然没有格外鲜艳

马蔺全株

的花，却有着十分顽强的精神，算是植物界的开荒英雄。

除了大作用，马蔺还有各种小作用。在没有塑料绳的年代，马蔺叶子是充当绳子用的，人们用来捆青菜，穿在鱼嘴上拎着走。端午节时，包好粽子，用马蔺叶捆。小朋友最喜欢的就是大人用马蔺叶子编出来的各种小玩意儿啦。

在内蒙古，人们相信马兰花是天宫仙女送给人间的快乐花。鄂尔多斯在2012年开展了市花的评选，马兰花得票最多。不过，马兰花在鄂尔多斯不仅仅是指马蔺这种植物，而是指在当地生长的所有鸢尾科植物，比如马蔺、大苞鸢尾、天山鸢尾、粗根鸢尾、细叶鸢尾、射干等。当地人特别喜欢这些朴素顽强的植物，有一首曲风十分悠扬的歌曲《马兰花》就述说着人们的喜爱："青幽幽的草原上，蓝悠悠的马兰花，马兰花马兰花，微笑在家乡的牧场……"每年5月，鄂尔多斯都要举办"马兰花草原文化节"，那时鄂尔多斯鄂前旗上海庙马兰花大草原上十万亩马蔺竞相绽放，草原就仿佛铺上了一块巨大的蓝紫色花毯。

鄂尔多斯在蒙语里是"众多的宫殿"的意思，是内蒙古自治区一个很大的城市，处在黄河"几"字湾的河套地区。鄂尔多斯历史十分悠久，距今14万到7万年前，这里就有古老的人类生存发展。随后的历史朝代更迭，这里一直都是北方游牧民族重要的游牧区和领地。如今的鄂尔多斯，以羊绒纺织、天然气、煤炭等闻名全中国。在鄂尔多斯，因为历史上众多民族都曾在这片土地上生活，留下了多姿多彩的文化，如今，这

"天苍苍，野茫茫，风吹草低见牛羊。"

些文化融合在一起，形成了鄂尔多斯独特的河套文化，也是多民族多元融合的文化。

植物名片

马蔺，*Iris lactea var. lactea*，别称马莲、马兰、马兰花等，鸢尾科鸢尾属，多年生密丛草本宿根植物。是北方十分常见的绿化植物。马蔺像草一样丛生，叶长条形，在不同的地方生长叶子长短不一。每到夏初，马蔺会开出浅蓝或紫色花，花后结出像小棒槌似的果实，每个果子上有六条筋突起。

城市名片

鄂尔多斯在蒙古语中意为"宫帐群"，在成吉思汗去世之后，第三子窝阔台汗在这片土地上建立了纪念圣祖的宫帐，后来这里就被称为鄂尔多斯了。鄂尔多斯位于内蒙古西部黄河河套腹地，处于黄河和万里长城的环抱之中，"三面黄河一面城"。这里的矿产资源十分丰富，地貌复杂多变，既有绿草如茵的大草原，也有寸草不生的荒漠，还有富饶的河套平原。

石榴红 盛唐

如今偏于中国版图西部的陕西地区在历史长河的许多重要节点曾经是整个中华文明的中心。秦始皇统一中国，建立起第一个统一的帝国，建都的地方正是今天西安、咸阳一带。此后鼎盛的汉唐盛世，无一不把国都建在西安。除此之外，西晋、西魏、北周、隋等也在西安地区建都，所以西安有十三朝古都的美誉。这是因为西安地处关中平原、渭河下游谷地，土地肥沃、物产丰富，又有秦岭可以作为天然的屏障，加之西安与中国其他地区接壤最多，让它具备成为一个伟大都城的条件。隋唐之后，西北地区的气候越来越干旱，关中地区的粮食供应不稳定，农业社会时，粮食是重要的维稳要素，所以经济中心逐渐南移，西安也慢慢失去了它的首都地位。即便如此，如今的西安仍是中国最重要和繁荣的大城市之一。

正是因为西安丰富的历史文化，使得整个西安地区文化遗存极多，闻名中外的秦始皇陵、兵马俑、大雁塔、小雁塔、唐大明宫遗址、汉未央宫遗址等都在西安。如果你在国庆节期间去参观秦始皇兵马俑，一定会被沿街叫卖的石榴所吸引。我第一次看到有那么多石榴在卖，红彤彤、圆滚滚的石榴码成一个金字塔，每一条街道两侧都是。这些石榴正是著名的临潼石榴，主要分布地点恰好是骊山北侧、华清池两侧和秦始皇陵一带，这里是全国最大的石榴基地。

兵马俑

石榴是汉代时张骞出使西域后从中亚地区引进的，引进之后因为花果都可以欣赏，被当作奇珍种植在京城长安附近的"上林苑"和骊山的温泉宫附近，供皇家贵胄欣赏。到了唐朝时，石榴的栽培进入全盛，近郊常见石榴花盛开，尔后经过多年的繁殖和种植，慢慢形成了如今长达15公里的石榴林带。因此，西安市在选市花的时候，石榴胜出成为了古都西安的市花。

石榴有果石榴和欣赏花的花石榴，果

石榴花开

石榴的花是红色的，单瓣。欣赏石榴花种类可多了，单瓣、重瓣，有火红的、粉红的、白的、红瓣白边的等。果石榴在每年的9、10月份成熟，剥开果皮露出许许多多晶莹如宝石的果粒，一口咬下去，果汁立即喷薄而出。不过，我们所认为的果肉并不是真正的果肉，而是膨胀为肉质的外种皮，就是种子外面那一层皮。除了鲜甜多汁的外种皮，里面包裹着的白色的那个"种子"其实是一层内种皮包裹着的真正的种子，也就是我们平时要吐出来的石榴籽，因为吃石榴要吐籽很麻烦，现在人们还培育出了软籽石榴，内种皮很软，可以直接嚼烂吃掉，省去了很多麻烦。但是吃石榴还是会有令人讨厌的事情，石榴籽之间有一层薄薄的皮，这

石榴果

　　些皮特别涩，不小心吃进去非常
影响口感。这些皮是石榴"心皮"
之间的隔膜。那什么是心皮呢？我们来看一个石榴果的结构，从中间把
石榴切开，可以看到有白色的东西把石榴划分为几个部分，这些部分就
叫心皮，类似一个个装着种子的房间，心皮间的隔膜就是墙壁。所以想
要更好剥石榴，最好就是在石榴的底部横切一刀，然后再将石榴按照露
出来的隔膜分割，这样就不会动不动就吃到苦涩的隔膜啦。

石榴因为多籽，无论在西方还是在中国都有着繁衍生息的象征意义，在中国更是多子多孙的意思，常常在各种女性的裙帕上见到石榴的刺绣。石榴还有个有趣的象征，石榴裙。人们常说"拜倒在石榴裙下"，石榴裙象征着女性的魅力，这个说法也是从唐代开始的，因为唐代仕女喜欢穿石榴花颜色的衣物，那会儿石榴又正在广泛种植，慢慢地，石榴裙就成了一种象征啦。

植物名片

石榴，*Punica granatum*，千屈菜科石榴属植物，灌木或小乔木，能长到四五米高。花像个小钟，红色，花瓣很多皱褶。花落之后花屁股越长越大，长成一个网球大小的果实。石榴果有很多很多粒小的籽，外种皮肉质、甜美多汁。

城市名片

西安，古称长安，世界四大古都之一，是中华文明的发祥地，是中华民族的摇篮，是中国历史上建都时间最长、建都朝代最多、影响力最大的都城，居中国古都之首，历史上最为强盛的周、秦、汉、隋、唐等十三个朝代均建都于此。今天的西安是陕西省省会，中国六大国家区域中心城市之一。这里有著名的秦始皇陵、兵马俑、大小雁塔、华清池、法门寺等著名历史文化古迹，也有羊肉泡馍、肉夹馍、葫芦鸡、水盆羊肉等各式各样的美食。

叶子！

我们看的都是

　　海南省是全国最年轻的省份，1988年之前，海南省还是广东省的一部分，之后才独立成省。海南省是以海南岛为主体的一个省份，但是它的海洋面积远比土地面积大得多。

　　我们跨过琼州海峡来到海南，登陆的地方就是海南省的省府——海口，一个热情的城市。海南岛全岛都在热带，所以整个海南的植物都与中国其他地方的大为不同。无论春夏秋冬映入眼帘的都是青翠，一棵棵婀娜的椰子树在道路两侧和楼宇间矗立。除了椰子，最常见的还有一种热烈的花卉，跟热带的气候一般，开花时颜色鲜艳非凡，这就是本篇的主角——三角梅。

在海口，三角梅的数量是别的花卉无法相比的，无论是街头公园还是普通百姓家中的窗台上都能见到一片鲜艳。三角梅的学名是光叶子花，可在海南，大家都会喊它三角梅。因为乍一看下去，每一朵三角梅的三片"花瓣"呈三角形对称排列，组成一个立体的三角形。那为什么我在"花瓣"上用了引号呢？因为我们认为的花瓣其实是三角梅由叶片进化而成的苞片。一朵完整的花（比如桃花）是由苞片、花瓣、雌蕊、雄蕊组成的，那些漂亮的花瓣大多数都是植物为了吸引昆虫为它们授粉而演

三角梅的苞片有着鲜艳的颜色

变的，大多都对昆虫有吸引力，有时候还具有欺骗性。三角梅真正的花藏在那些漂亮的苞片里面，拨开一朵三角梅的花，贴着苞片的中脉有一朵非常简朴的花，红褐色的管状花，真正的花瓣是淡绿色的，花丝都藏在这

三角梅真正的花（白色）
藏在苞片里

朵真正的花里。正是因为真正的花如此简单，所以它的苞片才进化成鲜艳的颜色，而且变得非常大，通过这样的结构，吸引昆虫前来授粉。常常在三角梅花间看到许多漂亮的蝴蝶翩翩飞舞，最常见的美凤蝶也十分喜欢三角梅。

　　三角梅的品种非常丰富，除了常见的紫红色，还有橙色、粉色、白色等。我发现一个十分有趣的现象，三角梅的苞片颜色和花的萼片及花冠颜色十分对应，比如橙色的三角梅苞片对应着橙色的花冠和深橙色的萼片；粉色的三角梅苞片对应着粉色的花冠和深粉色的萼片。似乎，植物对苞片、萼片和花冠颜色的调控是同步的。

　　三角梅的生命力十分顽强，在海南，常常在海边一些干旱贫瘠的土地上见到三角梅开成一片，似乎越干旱花越多。因此，这些年海南的道路绿化都离不开三角梅。

海口是一个非常有趣的城市，现代和传统共存，在龙华区能见到高楼大厦，也能看到民国风格的骑楼。这种骑楼是19世纪末下南洋的海南人赚钱后兴建的，带着非常浓郁的欧亚混合风格。因为海南离东南亚各岛近，很早就有人下南洋谋生。著名的宋庆龄奶奶，她的父亲当年就是下南洋人群中的一员。海口在近现代都是对外口岸，往来商客很多，为了让大家在口岸能看到统一的时间，1928年爱国商人集资捐款修建了海口钟楼以便统一时间，如今的海口钟楼已经是海南一个极具特色的地标建筑了。除了骑楼，在海口还能看到海南本土风情的建筑，比如琼山府城还有许多历史悠久的建筑。海口拥有鲜明的滨海景观和海岛风光，能看到海景和河景，西海岸是典型的热带海滨风景，南渡江沿线则是一片热带生态景观。

海南特产水果

　　到了海口，别的不说，美味的热带水果还是要饱食一顿的。随便找一条街走进去都能看到有水果摊，上面摆满了杧果、香蕉、菠萝、火龙果……这些水果虽然现在在全国各地都能买到，可是海南的味道绝对比外地的好，因为本地水果会在更熟的时候才摘下，甜度风味自然更胜一筹。

海口上了年纪的人还热衷于喝老爸茶，每天到街头的茶铺点一壶茶，要一碟点心，坐在里面喝茶聊天消磨一天的时光。我更喜欢海口的小吃，海南粉、抱罗粉、酸粉、后安粉、牛腩饭、猪脚粉……怎么都吃不够。

植物名片

叶子花（三角梅），*Bougainvillea spectabilis*，紫茉莉科叶子花属植物。在南方地区广泛分布，原产巴西。藤状灌木，能攀缘长成一大片。叶下圆上尖，上面光滑，下面有一点点柔毛。花的苞片鲜艳，有各种颜色，真正的花藏在里面，很小。全年都能开花。

城市名片

海口市是海南省的省会城市，是一座热带海滨城市，有美丽的热带自然风光。因为它正好位于海南岛最大的河流——南渡江的出海口，所以得名海口。这里既有西海岸的椰风海韵，又有羊山的热带雨林和热带湿地，到海口饱览了自然风光后找个地方吃一碗清爽的清补凉，吃几种美味的热带水果，真是惬意。

扶桑

扶桑，一个非常古老的词语，中国神话中是一种神树，日出扶桑，所以扶桑也指太阳。直到现在，扶桑仍指日出之地，日本因为在东边，所以日本国也被称为扶桑国。但是这种神树扶桑可不是我们今天要说的扶桑花。我们所说的扶桑花叫"朱槿"，一种锦葵科植物。朱槿在1600多年前晋代的《南方草木状》中就有记载，说此花茎和叶都很像桑树，后来人们开始称呼此花为佛桑、桑槿。想要看扶桑花，我们就要去到日光热烈的南方，比如广西。

广西沿着中国的南部铺开，和广东、贵州、湖南相邻，和海南隔海相望。春秋战国时广西属于百越的一部分，唐代时分全国为十道，每一

扶桑花朱槿

道为一个大的行政区域，把五岭以南称为岭南道，其中，岭南道又划分为东、西两道，广西的西就是从这来的。在这片热土之上，壮族和侗族是最古老的原住民族，近现代行政划分时就把广西划为壮族自治区了。它也是我国五个民族自治区之一，也是唯一一个沿海的少数民族自治区。不过广西可不仅仅是少数民族聚居地，现在已经是一个多民族融合的地区，但壮族文化仍是广西鲜明的文化特点。南宁是广西的首府，是一座历史悠久的边陲古城，绣球、铜鼓是这里的特色。

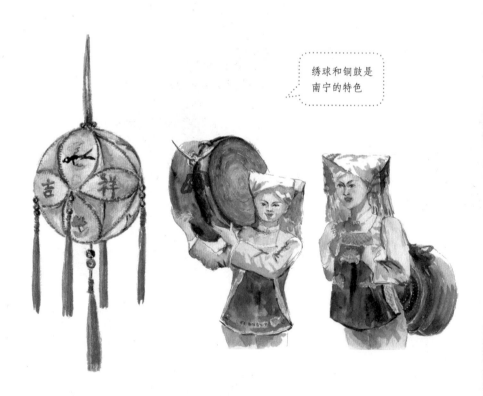

绣球和铜鼓是
南宁的特色

南宁市在1986年把朱槿这种随处可见的植物选为市花，朱槿正是因为花色红艳得名，在南方很多地方，大家干脆直接喊它"大红花"。朱槿一年四季都能开花，花从枝条的上部分长出来，有5片花瓣，每一片花瓣都非常轻薄，上面分布着明显的脉络，碾碎花瓣会有滑溜溜的黏液。在花的中间有一根像毛刷一样的东西，是朱槿的雌雄蕊。一般来说，花朵上的雌蕊和雄蕊都会分开长，但是朱槿的不同，外边一圈的雄蕊花丝长成一体，形成一个花丝筒，将雌蕊都包在中间，只露出一个柱头。朱槿花的"屁股"有一个绿色的帽子，是它的花萼，可以整个摘下来，小朋友们都喜欢摘下帽子后把花放到嘴巴里吸，花里会吸出甜滋滋的花蜜，可好吃了。同在锦葵科的垂花悬铃花开的花比朱槿小，它的花瓣不会打开很大，如果把朱槿花比作一把伞，那么收伞的样子就是垂花悬铃花。悬铃花的花蜜更多，更甜，是我小时候最爱的天然零食。除了悬铃花，锦葵科还有一种花在北方极其常见，那就是木槿。木槿花和朱

朱槿花瓣

北方常见的
是木槿

槿花长得很像，只不过花是粉色的，热烈的红色朱槿适合在南方，而温柔粉色的木槿更适合在北方。

虽然朱槿以朱为名，但是花色却非常丰富，花形也各具特色。有大红色、紫色、粉色、黄色、白色等，有单瓣的、重瓣的、裂瓣的。

吊灯扶桑

南宁是朱槿的原产地，气候和土壤都十分适合朱槿的生长，枝条插到地里就能成活，所以它在南宁随处可见。不过朱槿虽然成为南宁市的市花，但南宁并没有很浓厚的朱槿文化。直到南宁建造了一个国际会展中心，以朱槿花的造型为原型设计了主建筑，才让这种到处都能见到的植物多了一些名气。国际会展中心主建筑穹顶造型有12瓣花瓣，意喻广西12个少数民族团结在

重瓣扶桑

一起。朱槿艳丽的颜色又象征着热情与繁荣，向世界人民展示着中国的热情。

植物名片

朱槿，*Hibiscus rosa-sinensis*，锦葵科木槿属常绿灌木，原产中国，分布于南方地区。叶下圆上尖，边缘有粗齿，光滑。花单生于枝条上部的叶腋间，常下垂，花梗很长，花萼钟形，5个花瓣，一根花蕊长长地伸出来。花色丰富，花期十分长，在南方能开一整年。

城市名片

南宁，简称"邕"，是广西壮族自治区首府，与越南毗邻，是红豆的故乡和中国面向东盟开放合作的前沿城市、中国东盟博览会的永久举办地、北部湾经济区核心城市、国家"一带一路"海上丝绸之路有机衔接的重要门户城市，是"联合国人居奖"获得城市、"全国文明城市"三连冠城市、国家生态园林城市。一年一度的南宁国际民歌艺术节享誉中外，让南宁成为了"天下民歌眷恋的地方"。

刺桐城

　　泉州距离厦门并不远，许多人到福建旅游都会选择厦门，而不是旁边历史更为悠久的闽南文化发源地——泉州。到泉州之前，我也不是很了解它的历史，几天之后，心里却充满了感慨，这座城市拥有的风采和丰厚的历史实在值得不断瞻仰。

　　泉州城区的西街，是一条有着浓郁闽南风格的街区，两侧的建筑都是带着两头翘起燕尾脊、红色砖装饰的闽南建筑，闽南语中把建筑、家都喊作"厝"。街上卖着各色各样的闽南小吃：面线糊、土笋冻、醋肉、润饼、海蛎煎、石花膏、豆花……每一样看上去都十分好吃，闽南语歌也从各个小店中飘出，交织成一个大的背景音乐。在音乐声中，我看到了开元寺双塔，两座建于一千多年前的石塔，见证了泉州的发展、兴盛。走近一看，塔上的石雕清晰依旧，仿佛时光不曾刻下痕迹。这和泉州地区的石头材质以及石雕技术有关，如今泉州的惠安依然以石雕闻名于世，泉州石雕用的是本地产的花岗岩，石质坚硬，稳定性强，能历经千年风雨不受侵蚀。

泉州老城区不大，除了开元寺，还有全国最早最大的天后宫（供奉妈祖，中国沿海尤其是闽台一带尤为信奉妈祖），现存最早的具有阿拉伯建筑风格的伊斯兰教寺——清净寺，还有华丽宏伟的关帝庙、文庙，古迹十分密集，不难想象古时泉州的繁华。唐朝时泉州便为世界四大口岸之一，被马可·波罗誉为光明之城，宋元时期为东方第一大港，曾有"市井十洲人""涨海声中万国商"之盛景。海上丝绸之路便由此发端，无数中国的商品从泉州运往世界各地，带去中国的名声和传奇故事。

在泉州的街头漫步时，我留意到一点，老城区里刺桐树很多，一些街道两侧用刺桐做行道树。泉州夏天十分炎热，刺桐的树冠并不浓密，遮阴效果肯定不如樟树、榕树。为什么有这么多的刺桐呢？正在疑惑时，正前方一块巨大的广告牌告诉了我答案，上面写着"泉州——刺桐港"。原来，马可·波罗笔下的刺桐港就是泉州港呀！

五代十国时期，节度使刘从效扩建唐朝开元年间修建的泉州城，并且在城内外大量种植自东南亚引进的刺桐树，刺桐花开时全城红艳艳，于是慢慢地，人们以刺桐作为泉州的别称了。

刺桐花开

　　刺桐，原产东南亚，古人看到它的树形颇像梧桐却有刺，于是叫它刺桐。刺桐的老干上并不多刺，在幼嫩枝条上能看到一个个圆锥形尖刺。每年4—5月份是刺桐的花期，花开出来红彤彤，像公鸡鸡冠在枝头，所以在台湾干脆就叫它鸡公树。刺桐开花的时候叶子还比较少，看上去是一树火红，等到花少了就能看到三片小叶组成的羽状复叶在枝头了。古人对刺桐花的生长变化曾进行过观察分析，他们尝试用刺桐开花的情况来预测收成：如果刺桐花期偏晚，先叶后花，且花开得旺盛，那当年一定会五谷丰登。但当时也有人提出了异议，宋代时，两位泉州的官员就为此辩论起来。

一位说："闻得乡人说刺桐，叶先花发卜年丰。我今到此忧民切，只爱青青不爱红。"另一位不同意，虽然他也希望五谷丰登，可是不相信先叶后花会影响收成："初见枝头万绿浓，忽惊火军欲烧空。花先花后年俱熟，莫道时人不爱红。"

刺桐的花尖尖的，很多人没想到它居然也是蝶形花科

鸡冠刺桐

植物。当你打开一朵刺桐花，仔细看就会知道。蝶形花科植物，顾名思义，就是长得像蝴蝶一样的花，比如我们熟悉的各种豆子，包括我们在讲北京时讲到的国槐，都是蝶形花科植物。它们的花打开之后是对称的，刺桐也不例外。那个看似尖尖的花瓣其实就是它的旗瓣，翼瓣和龙骨瓣藏在里面。

如今在南方还能经常看到刺桐的亲戚——鸡冠刺桐和珊瑚刺桐，被当作绿化植物种植，它们也是从国外引进的。可这些亲戚再也无法像刺桐那样，和一个历史名城牢牢捆绑在一起了。

植物名片

刺桐，*Erythrina variegata*，豆科刺桐属植物，落叶乔木，可以高至20多米。树干灰色，嫩枝有圆锥形皮刺。羽状复叶有三小叶，叶子菱形倒卵形。花红色，密集生长。荚果念珠形，种子暗红色。原产热带亚洲和太平洋洲的珊瑚礁海岸。

城市名片

泉州，简称"鲤"，别名鲤城、刺桐城，位于福建省东南沿海，北承福州，南接厦门，东望宝岛台湾，是全国首个东亚文化之都，联合国教科文组织唯一认定的海上丝绸之路起点，是列入国家"一带一路"倡议的21世纪海上丝绸之路先行区。泉州最早开发于周秦两汉，公元260年始置东安县治，唐朝时为世界四大口岸之一，被马可·波罗誉为光明之城，宋元时期为东方第一大港。泉州素称世界宗教博物馆，联合国教科文组织将全球第一个"世界多元文化展示中心"定址泉州。

花中之王——

洛阳牡丹

牡丹花是中国人特别熟悉的花卉，被称为"百花之王"，牡丹花形象几乎无处不在。被单上有牡丹花的影子，花瓶身上也有简约的牡丹花纹，户外各种广告牌、宣传册、壁画等无不存在着牡丹。虽然中国没有官方评选出的国花，但在大多数人心中，雍容华贵的牡丹就是中国的国花。而牡丹，也的的确确当得起这个"国花"。

牡丹雍容艳丽，花型较大。几乎我们见到的牡丹花直径都超过了10厘米。花瓣层叠繁复，每一片又轻盈可爱。花色丰富，白色、粉色、紫色、黄色……每一棵牡丹都能长出许多朵花，形成一棵棵花树。古人也毫不吝惜笔墨歌颂这种美丽的花卉，唐代诗人刘禹锡在七绝《赏牡丹》

牡丹

中写道:"庭前芍药妖无格,池上芙蕖净少情。唯有牡丹真国色,花开时节动京城。"讲的就是芍药和荷花都完全比不了牡丹的"国色天香"。如果作为"国花",自然是需要中国原产,而牡丹正是地道的"中国货"。

现在牡丹主要以栽种品种为主,这些栽种品种都是通过野生牡丹杂交而来,而野生的牡丹全都是中国原产。根据最新的研究成果,中国有9种野生牡丹,其中4种原产于西南,5种原产于中国东部。有些野生品种也十分美丽,比如长在西藏林芝地区的大花黄牡丹,色彩纯黄,花也十分大,属于野花当中最瞩目的。古人在野外发现了这些漂亮的野花,

牡丹

芍药

一开始他们将野生牡丹移栽到自家庭院中，经过多年的培植和反复杂交，产生了今天缤纷多彩的牡丹品种。如今中国牡丹有四个品种，中原牡丹、西北牡丹、江南牡丹和西南牡丹。其中，中原牡丹是栽培历史最悠久、规模最大的。中原牡丹当中又以洛阳牡丹和菏泽牡丹为代表。洛阳牡丹甲天下，名不虚传。

洛阳牡丹的出名和历史上著名的女皇帝武则天有着密切的关系。传说女皇武则天在某一年冬天到御花园散步，看到万物凋敝，十分生气，于是，下了一道命令，让御花园中的百花冒雪开放。第二天，除了牡丹花，其他植物都服从了女皇帝的命令，悉数绽放。武则天看到百花盛开，很是高兴，转眼看到了仍是枯木状的牡丹，特别生气，于是将牡丹贬出御花园，迁移到洛阳，并放火烧之。没想到转年春天，被火烧过的牡丹开出了无比华丽的花朵，使得它名扬天下。

传说只是传说，实际上这位女皇是很喜欢牡丹这种花卉的。她登基后，将长安城、山西等地的牡丹移栽到了洛阳城中，花开时还会带领文武百官游园赏花。正是因为皇家的喜爱，使得洛阳城的牡丹品种越来越多。慢慢地洛阳就成了全国牡丹的中心产地了。到了现代，人们研究发现洛阳的土壤里富含各种微量元素，正是牡丹最喜欢的土壤环境，加上适宜的气候环境，洛阳自然就成为了牡丹生长的风水宝地。

牡丹发芽

同为芍药科芍药属的芍药和牡丹长得十分相像，有时单单从花的外形上看几乎无法区分。可是牡丹是灌木，它们的茎像木头一样，每年冬天，地面上的部分只落叶，枯木一般的茎还在，来年春天时新叶和新枝直接从老茎上长出。而芍药则都是草本的，冬天时地面上的枝干都枯死了，来年春天要从地面开始生长新的枝叶。这就是二者最大的区别。

有着牡丹甲天下的洛阳市也是一个历史悠久的城市，夏朝起便陆续有朝代在此建立都城，有着十三朝古都之称，是我们华夏文明和中华民族的发源地之一。如今的洛阳拥有丰富的旅游资源，有龙门石窟、白马寺等许多珍贵的历史古迹。在洛阳，随处都能和几千年的古人和历史进行触碰，4月时去洛阳的王城公园、隋唐城遗址植物园、中国国花园等公园赏牡丹，还能见到身

芍药发芽

着古装的人，把盛唐女皇武则天带领百官赏花的景象又展示出来。赏完花还可以在街头买上一篮子牡丹带回家，让国花在家里绽放。

植物名片

牡丹，*Paeonia suffruticosa*，毛茛科芍药属植物，多年生落叶灌木。茎高可达2米，分枝短且粗。叶是复叶，花为5瓣或者重瓣，颜色丰富。蓇葖果长圆形。中国是牡丹的原产地，世界上的牡丹都是从中国引种的。

城市名片

洛阳，古称斟鄩、西亳、洛邑、雒阳、洛京、京洛、神都、洛城等，位于河南省西部、黄河中下游，因地处洛河之阳而得名，是国务院首批公布的国家历史文化名城，中国四大古都之一，世界文化名城。洛阳有着5000多年的文明史、4000多年的建城史和1500多年的建都史，夏朝、商朝、西周、东周、东汉、曹魏、西晋、北魏、隋朝、唐朝、武周、后梁、后唐、后晋等十三个王朝在洛阳建都，有十三朝古都之称。洛阳是华夏文明和中华民族的发源地之一，是东汉、曹魏、西晋、北魏及隋唐时期丝绸之路的东方起点，是隋唐大运河的中心枢纽。

月　季

　　五月，当华北的天气逐渐热起来的时候，我们知道，春天会迅速退出舞台，漫长的夏天即将牢牢霸占几个月的时间。如果你在这个时候来到华北的两大重要城市，北京和天津，肯定会被满城的月季花所震撼。是的，这两座直辖市都不约而同将月季选为各自城市的代表花卉。天津素称"月季之乡"，月季栽培历史最悠久，早在1984年就被选为天津市市花，在天津大街小巷都能看到月季的身影，街心花园里、马路上的绿化隔离带里都能看到各色月季，甚至还有专门的月季园和月季路。当月季盛开时，中环路和周围这些盛开着无数月季的园林便组成了"津门十景"之"中环彩练"。

月季·光谱

南方很常见的金
樱子，也是一种
野生的蔷薇

　　月季是蔷薇科蔷薇属的植物，在中国有着悠久的栽种历史。中国有许多野生蔷薇属植物，古人见其美丽，便移栽到自己家中。慢慢地，便培养出了中国传统的月季品种。唐宋时期，月季栽种就已经在全国范围内流传开来，宋代徐积《咏月季》中写道"曾陪桃李开时雨，仍伴梧桐落叶风"，说的就是月季的开花能从春持续到秋，中国传统的月季品种"月月红"名字更直白。18世纪末19世纪初，月月红和月月粉等四季开花的中国月季花传入西方，开辟了现代月季的新篇章。欧洲也一直在培育蔷薇品种，但当时欧洲栽种的品种都是一年只开一次花，看到中国一年多次开花并带着茶香的月季，欧洲人开心极了。经过漫长的杂交培育，现代月季终于诞生。现代月季开花频繁、花大、色彩多样，成为了世界月季栽种的主流。如今月季大概有两万多个栽培品种，几乎不可能认全。

　　天津常见的月季品种有"光谱""红双喜"等，以前觉得月季花颜色太丰富，显得俗艳，现在越来越懂得它的美好啦。

　　说到月季，不得不说的自然是玫瑰。在广大群众的心中，玫瑰象征着爱情，花店里也有各种各样的"玫瑰"卖。然而一个残酷的真相是，它们都不是真正的玫瑰，全都是杂交的香水月季。说到这个也不能怪大家，因为英文中"rose"这个词的确是用来称呼各种蔷薇属的植物，包括月季和玫瑰，翻译过来的时候，就直接将rose翻译为玫瑰，但在植物学中，这是不对的，因为中文中的玫瑰是另一种植物——rose rugosa。玫瑰的原产地在东北亚的沿海地区，在我国的威海一带还能见到野生的玫

瑰，因为玫瑰花有着甜蜜的香味，从古代开始，中国人便用它来制作各类食物，玫瑰花加糖腌制成玫瑰酱，制作玫瑰膏、玫瑰饼、玫瑰糕等。玫瑰花一年仅在5月份盛开，一年到头几乎就是看叶子，所以用来作为欣赏花卉较少，大多是作为经济作物栽种的。

月季和玫瑰其实很好区分，从叶片来看，月季的叶子大，叶面光滑，羽状叶小，叶不超过5片。玫瑰叶片小、叶面皱，小叶7—9片。从刺来看，月季的刺比较宽比较扁，玫瑰的刺比较细和尖。从花香来看，常见的月季主要带着淡淡的茶香，而玫瑰有着浓郁的甜香。书上看来终觉浅，最好是去植物园找一棵真正的玫瑰，跟常见的月季做一个比较，就会发现两者的差别了。

看完月季，我们回头看看天津这个城市吧，作为紧挨北京的一个直辖市，多年来它总是被北京巨大的光环所笼罩，显得暗淡许多。实际上，天津也和北京一样，是个历史悠

真正的玫瑰，有着浓郁的香味，叶面是皱的，叶子比月季小许多

99

久的城市。自古因漕运兴起，明代时正式筑城，民国时期更是重要的开放口岸，所以天津有着中西合璧的城市风貌。到了天津，到五大道逛一逛，能看到许多建于民国时期具有不同国家建筑风格的花园洋房，这是因为清朝时将天津开辟为租界，外国人开始建房居住。因离北京近，辛亥革命后许多清朝的皇亲国戚、遗老遗少都带着钱到天津租界住，形成了这样一片中西式建筑风格融合的街区。天津还有许多好去处，比如天津的自然博物馆，因为当年许多化石都试图从天津运走，没运出去的就留在了天津，包括北京人的头骨化石。天津还有著名的狗不理包子、大麻花、煎饼果子等美食。天津的曲艺、相声也是闻名全国的。

植物名片

月季，*Rosa chinensis*，蔷薇科蔷薇属植物，被称为花中皇后，品种繁多，世界上有两万多种。叶片光滑，边缘有齿，茎上有钩状刺。花有单瓣也有重瓣，颜色丰富，常常带有淡淡的茶香。花期夏初至秋末。果实卵形或者梨形，成熟后是红色或橙红色，内有坚硬的种子。

城市名片

天津，简称"津"，直辖市、国家中心城市、超大城市、环渤海地区经济中心、首批沿海开放城市，全国先进制造研发基地、北方国际航运核心区、金融创新运营示范区、改革开放先行区。天津自古因漕运而兴起，明永乐二年十一月二十一日（1404年12月23日）正式筑城，是中国古代唯一有确切建城时间记录的城市。历经600多年，造就了天津中西合璧、古今兼容的独特城市风貌。

树

一棵怕痒的

　　紫薇花是一种分布极广的植物，从海南到东北都能见到它。唐代白居易有诗写道："独坐黄昏谁是伴，紫薇花对紫微郎。"紫微星是皇帝居所的象征，在里面办事的中书舍人就被称为紫微郎，白居易当过这个官，值班的时间非常漫长，坐在院子里只能跟紫薇花面面相觑。这说明至少在唐朝的时候紫薇花已经被当作观赏植物栽种在庭院当中了。紫薇花花期特别长，所以还有着千日红、日日红的别名，宋代诗人杨万里就曾写过"谁道花无红十日，紫薇长放半年花"，古代诗人所写诗句大多都是经过自己认真观察写就，紫薇花的花期的确能有好几个月，从6月开到10月都是正常的。

　　紫薇花能长成小树，年头久了还能长得很高大。仔细观察一棵紫薇花，会发现它的树干十分光滑，因为成年的紫薇树，树身的表皮都会蜕掉，只留光溜溜的树干。如果你轻轻挠一挠树干，整棵树都跟着颤动，像是被人挠了痒痒一般，所以紫薇还有个名字叫痒痒树。至于为什么紫薇怕痒，至今也没有定论，有人认为是比较大力碰到了树才会晃，可是我亲自试过很多次，用力非常轻树也会颤抖。也有人说紫薇的树干含有类似人类传感神经的特殊物质，能感知外来的刺激。还有人觉得紫薇的木质比较特殊，能传导轻微摩擦带来的震动。科学家们可能觉得这个问题不是什么大问题，但是如果你感兴趣，可以试着研究看看能不能揭开紫薇怕痒的秘密。

紫薇花

紫薇花有两种
形态的雄蕊

大花紫薇

紫薇最让人瞩目的莫过于它的花了，每一朵花有6个花瓣，边缘皱巴巴，像用手工纸揉成的似的，还非常柔软，一旦脱水，几分钟之内就会耷拉下来。紫薇花色很丰富，比较常见的有粉色和紫粉色，还有大红色，白色品种叫作"银薇"。因为紫薇的花长得比较密集，远远看去就是圆锥形的一团，如果仔细查看单独一朵，会发现这个花比较奇怪，中间是雌蕊，雌蕊周围是一圈黄色的雄蕊，可外面还有一圈比较长的褐红色的花蕊，这也是紫薇的雄蕊。这样的结构在植物学里叫异型雄蕊，是达尔文最早提出来的。一朵花内的雄蕊分化为可以给传粉者提供食物的"给食型"雄蕊和真正起到传粉、繁殖作用的"传粉型"雄蕊。鲜黄色的雄蕊吸引来蜜蜂，在采粉时候背部就会沾到另一种雄蕊的花粉，这种花粉比黄色的更有活性，等到蜜蜂再到另一朵花上时，背部的花粉就会蹭到弯曲的雌蕊柱头之上，完成授粉过程。所以说植物是非常聪明的。等到花谢之后，花蕊都会卷曲成一团，小时候我经常摘下一朵花败后的紫薇，捏住花梗看有点像一个卷发的圆脸小孩。慢慢地，紫薇的果膨胀为一个个圆滚滚的形状，成熟时会裂成6瓣，种子在里面。常常冬天万物凋敝，紫薇树上这一串串铜色干果就成了有趣的装饰，稍微刷点颜色就可以做干花了呢。

前几年去贵阳时，发现宣传栏上写着紫薇是贵阳的市花，当时正好是7月初，正是紫薇花期，可是我环顾一圈却没有发现绿化带中有紫薇的身影。不知道贵阳人民出于什么样的心情把这种非本地特产的植物选作了自己的市花，不过市树香樟倒是非常多。后来查了一下资料得知，世界上最大最高的紫薇树在贵州的梵净山山脚。这棵紫薇树树高足足有34米，树干直径1.9米，已经有1300多年，被科学界视为活化石。

贵阳是贵州省的省府所在地，名字由来是因为地处贵山的阳面。它所处的位置是云贵高原的丘陵中部，多山多丘陵，自古以来因为农

冬天干枯后的紫薇果

业不发达，多个民族混居，所以经济一直在全国都排名落后。不过我倒是非常喜欢贵阳这个城市，我是酷夏时节到的，可气温却非常适宜，走哪儿都非常凉爽。花溪地区溪流泉水众多，大树参天，生活节奏比较慢，应了它在电视上的广告语"爽爽的贵阳"，感觉特别适合度假呢。

植物名片

　　紫薇，*Lagerstroemia indica Linnaeus*，千屈菜科紫薇属植物，落叶灌木或小乔木，树干光滑，树皮常脱落。叶椭圆形，花色艳丽，有很多品种，花从夏天开到秋天。果实圆形，绿色，成熟干燥时开裂，整个冬天都能存在枝头之上。原产亚洲，全国都有种植。

城市名片

　　贵阳，贵州省省府，有400多年历史。古代贵阳盛产竹子，以制作乐器"筑"而闻名，故简称"筑"。整个贵阳市，喀斯特地貌占全部面积的85%，形成了峰林、溶沟、峡谷、溶洞为一体的绚丽景观，是名副其实的公园城市，从花溪、天河潭、南江峡谷到息烽温泉，到处是景点。

凤凰木

　　我去厦门时还是大学三年级的学生，跟着学校暑期社会实践团去厦门大学交流，刚进校园就被两侧独具特色的建筑吸引了。厦门大学的同学介绍道：这是嘉庚风格建筑，陈嘉庚先生是著名的华侨领袖，厦门人，厦门大学就是他投资创立并亲自规划建设的。这种风格的建筑结合了福建当地的闽南风格屋顶和西洋式屋身，体现了中西建筑文化的融合。这样的建筑昭示了厦门悠久的海外交流历史。

　　厦门是我国福建省的一个城市，处在中国东南角，和台湾岛隔着一道浅浅的台湾海峡。明朝郑成功驻兵厦门，厦门成为日后收复台湾的重要基地。晚清时因《望厦条约》，迫使厦门成为半封建半殖民地的公共租

界。厦门有座知名的小岛——鼓浪屿，进入岛上仿佛来到了国外，各式各样的西式别墅在鼓浪屿最好的地段矗立。这些西式别墅正是在厦门成为半殖民地之后外国人和华侨修建的，如今已经成为鼓浪屿一个鲜明的特色。

在厦门大学一座老楼的旁边，我看到一棵仍在开花的凤凰木，火红的花薄薄铺在伞形的树冠之上，树下一片落红。凤凰木是一种从外国引进的树种，大概在20世纪30年代的时候引种到厦门，它特别适应厦门的亚热带气候，在这里迅速成长起来，这种美丽的树种也得到了厦门人民的喜爱，将它当作行道树进行广泛种植，并在1986年将凤凰木选为了厦门的市树。

凤凰木开花时的外观

凤凰木

凤凰木是豆科的高大落叶乔木，能长到20多米，树围可以大到一米，树干高挺壮硕，但一直到3米多高才有分权，

凤凰木的叶子

使得整棵树像把撑开的大伞。凤凰木的叶子是羽状复叶，小

凤凰木的花瓣

叶子一对一对长着。花鲜红色，5片花瓣，有一片上还有白色的花斑。等花期过后长长的荚果就长出来了，最长有半米多，成熟时黑褐色，非常硬，剥开看，种子坚硬光滑，我小时候经常捡凤凰木的种子当作"仙丹"

凤凰木的荚果

保存。凤凰木的种子皮过于厚硬，正常落入土中很难自行发芽，人们繁殖凤凰木时需要将种子的硬皮磨去一些，再泡水方可以出芽。但也正因为种子的坚硬外壳，使得它们能在20多年后还具有发芽的能力。

凤凰木有两个时期非常特别，一个时期
特别美丽，是盛花期。每天清晨，凤凰木
都会落下一层花瓣，站在树下往上看，
在薄薄的一层绿叶之上是火红的一片，
地上也是红的。清晨时没人惊扰这片
园子，地上的花朵和花瓣竟满满
铺了个遍，踩上去软绵绵的。还
有一个时期最烦人，有些年份凤
凰木上会长满虫子，是凤凰木
夜蛾的幼虫，幼虫啃食叶子，
并垂下万条丝，悬挂在空中，一
不小心就落到人身上，非常痒。

金凤花

南方还有一种植物被人们称为凤
凰花，是豆科的金凤花。金凤花比凤凰木小巧许多，每朵花大概只有凤
凰花的三分之一大小。整朵花中
间是红色，外边一圈都是黄色，
十分艳丽，红色的花丝长长伸
出来，有风时一颤一颤，像蝴蝶
的触角。金凤花的荚果很扁，成
熟之后剥开果荚，再将绿色的种

金凤花的
花和荚果

110

子外皮剥开，里面有一层透明的内皮，可以吃，口感很有弹性，小朋友无聊的时候会剥食。

植物名片

　　凤凰木，*Delonix regia*，豆科凤凰木属植物，原产于马达加斯加。高大落叶乔木，高可达20多米，树干直径可达2米；树皮粗糙，灰褐色；树冠扁圆形，分枝多且开展。树有很强的抗风能力。

城市名片

　　厦门，位于福建省东南，由厦门本岛、离岛鼓浪屿和许多半岛岛屿组成。传说中是白鹭居住的地方，所以别称是鹭岛。厦门的鼓浪屿是一个十分著名的旅游景区，被称为海上花园，里面保留了许多中西风格的建筑，岛上只能步行，景色优美。

侧金盏

冰雪中的小太阳——

　　4月初的一天，我下了班后赶到机场坐飞机，飞往长白山。飞机落地的时候已经是晚上9点，四处都黑洞洞的，哈出来的白气说明这里的温度依旧很低。第二天一早，我出门吃早餐，外面果然十分寒冷，阴面的地方还堆着厚厚的白雪，地面上结着一层亮晶晶的霜。我小心翼翼地走着，突然，一个土堆上出现一团格外耀眼的黄色光芒，我走近后低头一看，居然是一丛侧金盏。

　　侧金盏以及和它一样在早春盛开的早春短命植物便是我不远千里来到白山市的目的，我想看看冰封仍未解开时，东北的森林里到底有着怎样的热闹景象。早春短命植物都趁着树叶生长出来之前，在林下仍有充

112

足阳光时完成开花授粉结果的过程，大多都有着强大的地下根茎、鳞茎、块茎，一般都深藏在地下至少十几厘米处，每年三分之二的时间它们都默默在地底下休眠存储能量。

于是，我和朋友们前往白山市的一个林场，这里全都是针叶林，针叶林下面就是我们要寻找的早春短命植物了。刚踏入森林，成片的侧金盏就出现在眼前。亮晶晶的，如同一枚枚被仙女洒落林间的金币。仔细观察一朵侧金盏，每一片花瓣都如黄色的绸缎般光滑亮眼。有阳光的地方侧金盏已经全部打开，而阳光还没照耀到的地方，侧金盏的花仍紧闭

侧金盏

着，像一个橙色棒棒糖。当地人把侧金盏叫作"冰凌花"，因为侧金盏是东北最早盛开的野花，往往雪还没化的时候它就开始盛开，如同从冰雪中绽放出来似的。其实侧金盏也有叶子，只不过实在太冷了，叶子们都蜷缩在下面，等到冰雪化去才能舒展开来。4月初对于侧金盏来说已经是最后的花期，我们前面走过没有树荫的地方，侧金盏已经开完花，细碎的叶子已经长出来，一个个绿色小荔枝般的果也结出来了。

侧金盏只有在阳光照射下才会开放，如果阳光被云挡住则很快就会关闭。我蹲在一丛还紧闭的侧金盏旁观察，太阳照到它不到一小时，所有的小"棒棒糖"都开成了一个个小太阳。喜欢太阳也是早春短命植物的一个特点，因为一旦到了初夏，高大的树木都会长出叶子，遮挡住所有的阳光，它们就再也享受不到阳光的照耀了。为了能快速吸引昆虫授粉，繁殖后代，侧金盏还进化出许多奇特的功能。它的花是耀眼的金黄色，在一片雪白、枯黄当中，这种金光闪闪的颜色无疑对昆虫具有强大的吸引力。侧金盏追逐着阳光盛开，成为了寒冷大地上一个个小小的热源。此时，长在中间的雌蕊先成熟，第二次在阳光下盛开时雄蕊才开始释放花粉。这样，昆虫往返不同的花之间，将花粉传播出去。

侧金盏旁是一片菟葵，这个名字特别萌的植物长得也特别萌，尤其是花中间有一圈黄点，很像是"PS"上去的。菟葵看似花瓣的部分其实是萼片，真正的花瓣是那堆带着黄点点的东西，那是漏斗形的花瓣，上面的黄点大概是不育的花药吧。花下像叶子的其实也不算真正的叶子，

早春短命植
物花海——
猪牙花

是茎上叶形成的总苞，基生叶很小或者没有。每一棵菟葵都有一个圆形的块根深埋土下，想想就觉得好萌。

除了侧金盏，我还想看另一种美丽的植物，猪牙花。猪牙花并非因为花瓣尖尖像猪牙而得名，而是地底下的鳞茎一头大一头小，还弯翘，很像猪牙。早上的阳光刚刚洒下，大部分的花正慢慢开放，它的开放就是将花瓣反折。接近花蕊的地方有一圈黑色斑纹，特别像咖啡上的拉花。这里的猪牙花有些叶片上布满了浅褐色的斑纹，有些则没有，不知道是什么原因。我们拍花的山顶居然有一片被开垦的地，翻过的地里有些被弄伤的猪牙花，我们尝试去拔，却纹丝不动，找来木棍向下挖了20厘米，才见到了鳞茎，埋得可真深啊！

美丽的鲜黄连自然也不能错过，这是一种小檗科鲜黄连属植物。这个鲜黄连并非是新鲜的黄连的意思，它和入药的黄连丝毫关系都没有，后者是毛茛科植物。鲜黄连属有两个种，中国只有鲜黄连一种，分布在东北地区。即使事先了解过，也看过很多人发的美图，见到的第一眼仍被惊艳到。一丛丛蓝紫色的花从满地枯叶中伸出，轻薄的花瓣蝶翼般舒展，此时叶子仍小，藏在花下，暗红色。

越往高处走，植被越丰富，阳光最好的山顶有大片猪牙花静静开放。这里就是典型的早春短命植物花海，除了猪牙花这个耀眼的主角，还有大量的东北延胡索、齿瓣延胡索、深山毛茛、多被银莲花、黑水银莲花、东北扁果草、林金腰和没开花的贝母、荷青花，有很多蜂类和蝶类在其

116

长白山三宝
之人参

间飞舞。

典型的早春短命植物花海只有在长白山脚下才看得淋漓尽致。长白山是中国著名的山脉，磅礴伟岸。长白山天池更是神秘莫测。白山市正是处在长白山的腹地当中，城市拥有众多自然资源，被称作立体资源宝库。这里盛产东北三宝：人参、貂皮、鹿茸。满城都是清新的氧气。

植物名片

侧金盏花，*Adonis amurensis*，毛茛科侧金盏属植物，多年生草本。根粗且短，植株只有30厘米高，叶子裂得很开。花金黄色，花瓣闪亮。果实是绿色的瘦果。分布于日本、朝鲜、中国等地，东北、西北常见。早春顶冰而出，被称为"冰凌花"。

城市名片

白山市是吉林省下辖地级市，位于吉林长白山西侧，东与延边朝鲜族自治州相邻；西与通化接壤；北与吉林毗连；南与朝鲜惠山市隔鸭绿江相望。白山市是东北东部重要的节点城市和吉林省东南部重要的中心城市。

天
山

雪莲

很多人对雪莲有着深深的误解，大概是小说和影视作品中动不动就有人出生入死，冒险攀爬雪山采雪莲，靠雪莲拯救了一个宝贵的生命。或者是将雪莲花当作无比珍稀圣洁的鲜花送给最爱的人。然而，真实的雪莲是什么样子的呢？到了中国西北部的乌鲁木齐，在市场上能见到不少售卖"天山雪莲"的摊位，这些装在塑料袋里的雪莲看上去只是一株干枯的植物，看不出新鲜时候的样子。想要看雪莲，还真的要到海拔高的地方去。在天山的流石滩上，如果仔细寻找，的确能看到雪莲的身影。一棵棵如同浅黄色的莲花般的雪莲格外显眼，一层层的"花瓣"包裹着，看上去清新美丽。近处的雪莲和背后高大的雪山蓝天构成了一幅极美的

画面。

可当我们仔细查看一朵雪莲时，就会发现，它跟莲花没有任何关系，而是一种风毛菊。风毛菊是菊科中很庞大的一个家族，在中国就有264种。这个家族中最大的特征就是花下面长着那些巨大的如同叶子或者花瓣的苞片，非常抢眼。雪莲的白色"花瓣"正是它的苞片。而这些"花瓣"包裹在中间的"花蕊"才是这棵植物真正的花，褐色的，很小一堆集中在一起。

雪莲的白色"花瓣"
其实是它的苞片

雪莲真正的花
是紫红色的

其实民间被喊作雪莲的并非天山雪莲一种，很多雪兔子也被叫作雪莲，雪兔子这类植物的名字起得十分象形，大多都很低矮，缩成一团，浑身都披着茸毛，很像一只趴着的兔子。

雪莲家族也并非只有天山雪莲一

雪兔子

种，在川藏一带还有不少别的雪莲，比如个头比较高大的苞叶雪莲，苞片是紫红色的唐古拉雪莲等。

雪莲到底有没有让人起死回生的功效呢？在传统医学中，雪莲的确具有一些滋补的功效，但远远达不到起死回生的神效。大概是它生长的环境

实在是过于苛刻，人们一厢情愿地认为它是神奇的植物吧。不过，即便想要食用雪莲，也不可以在户外采集雪莲哦，因为1996年国家已将天山雪莲列为二级保护植物，天山雪莲是唯一列入《中国植物红皮书》的雪莲植物，是国家三级濒危物种。国家已明令禁止采挖野生雪莲。不过现在有人已经在天山一带种植了雪莲，市场上卖的大多都是这种种植的雪莲。

有时候我们会在水果摊上见到一种叫"雪莲果"的东西，长得跟番薯很像，却被当作水果卖。不少人会把它当作是雪莲的块根，还以为跟雪莲一样有着神奇的功效呢。实际上，雪莲果是菊科菊薯的地下块根，雪莲果只是引进时商人给取的商品名，为的就是吸引大家的注意力。雪莲果去皮之后可以当水果吃，很脆很爽口。

生长着雪莲的天山是一个庞大的山脉，是世界七大山系之一，东西横跨中国、哈萨克斯坦、吉尔吉斯斯坦和乌兹别克斯坦四个国家，几乎横贯整个新疆维吾尔族自治区。自治区首府乌鲁木齐正是天山脚下的第一大城市。这座城市从西汉起就成为亚欧文化交流的门户。在乌鲁木齐，维吾尔族、汉族、

苞叶雪莲

哈萨克族、锡伯族等多民族聚居在一起，有着多样的文化。这里有世界规模最大的大巴扎（维吾尔语，意思是集市），各民族产品应有尽有，有着浓郁的西域民族特色。

漫步在乌鲁木齐，能吃到各种西域美食，烤羊肉串、手抓羊肉、烤馕、烤包子等食物让人食指大动。如果季节恰好合适，葡萄、哈密瓜、杏等水果又香又甜，让人流连忘返。

植物名片

雪莲花，*Saussurea involucrata*；菊科风毛菊属植物。叶密集，叶片椭圆形或卵状椭圆形。一层层生长，最上部叶苞叶状，半透明状，淡黄色，像个卷心菜。真正的花藏在中间，紫色。果实是瘦果，成熟之后像一朵脏掉的参毛小蒲公英。夏季开花，秋季结果。分布在我国的新疆，能在零下几十度的环境下生长，生长周期漫长，从发芽到开花需要5年时间。

城市名片

乌鲁木齐，新疆维吾尔自治区首府，地处亚欧大陆中心，天山山脉中段北麓，准噶尔盆地南缘，环山带水，沃野广袤，是西域著名的"耕凿弦诵之产，歌舞游冶之地"。古老的乌鲁木齐河自南向北，从市区穿过。城东是海拔5400多米的博格达峰，晶莹闪光，极为壮观；城南有雄伟壮丽的天山山脉，峰峦叠嶂，雪峰皑皑，气象万千；城西有充满神话色彩的妖魔山；城正中有红山，小巧而陡峭，状如飞来之物。

桂花香

十月

　　桂花香大概是中国人最熟悉和喜爱的气味之一了。我记得小时候，家乡并没有桂花树，可是我对桂花甜丝丝的香味却十分熟悉，因为从空气清新剂、固体香料、桂花茶、桂花饼和各色香囊中都曾闻到过它的味道。可是却一直没有机会享受自然中的桂花香味，因为桂花不耐寒，生长在江南及更南边的地方。杭州、南京、合肥等城市到了桂花开的季节，整座城市都会浸染在桂花的甜香之中，我一直期待着和桂花来一场全方位的邂逅。

　　于是两年前的秋天，我专程去了南京，当地朋友告诉我，桂花开了，可当我到的时候一场秋雨刚过，早先开的桂花已经落下，新的桂花还未

125

盛开，我看到了一大片一大片的桂花林，偏偏只有寥寥无几的几朵小花。于是我又坐车去了往南一些的杭州，杭州是一个和桂花有着很深渊源的城市，还专门有"满陇桂雨"这样好听名字的公园种植桂花树。可我到杭州时杭州的桂花也落光了，我又扑了个空。过了一年，正好到合肥办事，刚下车，就闻到了空气中湿润清甜的气味，是桂花香！夜幕已经降临，我没有看到路边的桂花树，但花香却一路相伴。第二天一早下楼一看，街上果真有许多桂花树。接下来在合肥的几天，每一天都能闻到桂花香，多年的愿望终于得到了满足。

桂花是木犀科木犀属的植物，因叶脉的形状如"圭"而得名为"桂"。桂花是我国十大传统名花之一，根据不同的颜色划分为花色金黄的金桂、

桂花飘香

花白的银桂、红色的丹桂、淡黄的四季桂四大类。桂花自古就是中国人喜欢的植物，在西汉时，文献便记载了汉武帝修花园，种了十几棵桂花。到了唐宋时期，人们对桂花的喜爱越发浓厚。因为桂花盛开的时间在中秋节前后，随着神话故事的不断演变，月亮上长的那棵仙树就成了桂花树。后来，人们又

金桂（左上）
银桂（左下）
丹桂（右上）
四季桂（右下）

将桂花和当时的科举考试联系起来，因为古代一般在农历八月进行科考。于是"折桂"就成了考试成功的象征。现在，桂花身上这些被人类赋予的寓意依旧在，人们仍把桂花当成一种吉祥的植物。

桂花给予人们最大的礼物就是它的香甜味了，那里面混合了顺式罗勒烯、反式芳樟醇氧化物等物质。聪明的中国人很早就懂得将香喷喷的桂花做成美味，让香味提高食物的品质。比如将桂花和糖腌制在一起，就成了桂花糖。用桂花糖泡水、做桂花藕，都是我最爱的食物。冬至

桂花成簇生长

时，将桂花糖放入酒酿当中做成好吃的桂花酒酿，能安慰我们冬天寒冷的胃。

桂花的花很小，许多朵成簇生长在叶腋位置，花开了之后很容易就凋落。花落之后桂花就会结果，绿色的小橄榄一样的桂子挂在叶腋处，更不易被人察觉了。桂花能结果全靠它的花香，依靠着甜蜜的花香，它能吸引来蜜蜂传播花粉。

桂子像绿色的小橄榄

合肥市是安徽省的省府，它所在的位置正好是桂花生长最喜欢的地区，全城都种有桂花树，在植物园或者公园等地更能集中赏到不同品种的桂花。我去合肥那年，正好雨水适量加上气温较低，使得桂花香格外浓郁。桂花一般要在气温低于20摄氏度时才会开放，气温回升后，桂花全盛开，花香最浓郁，几天后，桂花开败了也就没有香味了。如若遇到下雨天，雨水打湿花朵，香气也不会很浓。之前专程去南京、杭州赏桂扑了个空就是因为事先没有做好调查，以后大家想要欣赏桂花一定要看好天气预报哦。

植物名片

木犀（桂花），*Osmanthus fragrans*，木犀科木犀属植物，常绿灌木或小乔木。叶长椭圆形，硬挺。花小，生在叶子长出来的叶腋位置。花冠合瓣四裂，具有浓郁香气。园艺品种繁多，代表性的有金桂、银桂、丹桂、四季桂等。

城市名片

合肥，简称"庐"或"合"，古称庐州、庐阳，是安徽省省会。合肥地处中国华东地区、江淮之间，环抱巢湖，四季分明，气候温和。具有2000多年历史，著名的包拯包青天和三国的周瑜故乡就是合肥。合肥菜又称庐州菜，是徽菜的五大代表菜之一，合肥菜代表菜品有臭干炒千张、庐州烤鸭、包公鱼、逍遥鸡、三河米饺、肥西老母鸡汤、吴山贡鹅等。

致　谢

在这本书的最后，我要真诚感谢一些人。

首先是我的先生李智盛，他是一个纯粹的理科生，十分理性十分有自控力。如果没有他持之以恒地监督我写作、画画，这本书也许无法面世。当然，除了"催稿"，没有他的支持和爱护，我也不能在工作之余写出这本书。

还有常常和我一起爬山看植物的朋友们，醉醒石、老余、余天一、荒草、大雪、花姐、凤子……植物绘画群的朋友，他们总是持之以恒地给我带来鼓励和支持，也会指出我的不足，让我得以成长，谢谢你们。

感谢我的父母，虽然我们现在生活的地方相距很远，但正是他们在我小的时候灌输了与自然和谐相处、跟自然做朋友的理念，使我受益终生。

年高

2018 年 5 月

高 年

原名高穗芳，管理学硕士，毕业于对外经济贸易大学，央企HR，北京博物组织领导者，业余时间穿梭于北京大自然中，用手绘和文字记录北京的美好。著有《四季啊，慢慢走》，作品多次发表于《科技日报》《南方都市报》《博物》《知识就是力量》等报刊，为《看不见的森林》等书籍绘制插画。水彩作品参加中国第一届自然绘画展、生物多样性自然艺术展、Lian博物绘画全国巡展，作品被北京植物园、庐山植物园等多家植物园收藏。